课题信息：辽宁省 2021 年高校基本科研项目（青年项目）：传播学视阈下辽东旅游景观环境设计研究（项目编号 LJKQR2021063）

创意旅游景观设计

迟　慧◎著

吉林出版集团股份有限公司

全国百佳图书出版单位

图书在版编目（CIP）数据

创意旅游景观设计 / 迟慧著 . -- 长春 : 吉林出版
集团股份有限公司 , 2023.4
　　ISBN 978-7-5731-3272-7

　　Ⅰ . ①创… Ⅱ . ①迟… Ⅲ . ①旅游区 – 景观设计
Ⅳ . ① TU984.18

中国国家版本馆 CIP 数据核字（2023）第 085037 号

创意旅游景观设计

CHUANGYI LÜYOU JINGGUAN SHEJI

著　　者　迟　慧
责任编辑　王　宇
封面设计　李　伟
开　　本　710mm×1000mm　　　1/16
字　　数　220 千
印　　张　13.5
版　　次　2024 年 3 月第 1 版
印　　次　2024 年 3 月第 1 次印刷
印　　刷　天津和萱印刷有限公司

出　　版　吉林出版集团股份有限公司
发　　行　吉林出版集团股份有限公司
地　　址　吉林省长春市福祉大路 5788 号
邮　　编　130000
电　　话　0431-81629968
邮　　箱　11915286@qq.com
书　　号　ISBN 978-7-5731-3272-7
定　　价　81.00 元

作者简介

迟慧，女，1982年9月出生，辽宁省丹东人，毕业于鲁迅美术学院学习美术史论专业，文学硕士，现任辽东学院副教授。研究方向：环境设计理论及实践研究、旅游景观设计理论与实践。主持辽宁省教育厅高校基本科研项目（青年项目）1项，辽宁省教改课题2项。出版旅游景观设计相关专著1部，发表学术论文十余篇。

旅游业是一种具有强烈文化性质的经济行业，它同时也是一种艺术。作为旅游业的承载者，旅游景观同样需要从经济性和艺术性两方面来思考和研究。旅游景观作为旅游业的承载物，要达到当今经济模式的最高级——体验经济的水准，必须具有文化性、情感性和参与性；旅游景观同时也是一种艺术形式，必须具有艺术的审美性、象征性和独特性。这些特点就要求对旅游景观进行创意设计，可以说，创意旅游景观设计是适应和引领未来旅游行业发展的道路。

在创意旅游景观设计中，表现的内容是文化，表现的方式是传播。旅游目的地丰富的文化，需要以适宜的方式传播给对旅游景观怀有殷切期待的旅游者，创意是融合文化和传播的高效催化剂，并使它们的结合产生最富艺术性、创造性和独特性的景观，深刻改变旅游目的地的环境和发展路径。

本书共分八章。第一章为创意旅游的建构和发展，分别介绍了旅游的概念、旅游的产生和发展、创意旅游时代三个方面的内容；第二章为创意旅游景观设计的内涵，主要介绍了三个方面的内容，依次是旅游景观设计存在的问题、创意旅游景观设计的相关概念、创意旅游景观设计的特征；第三章为创意旅游景观设计的研究背景，分别介绍了四个方面的内容，依次是文化产业与创意旅游景观设计、传播学与创意旅游景观设计、心理学与创意旅游景观设计、设计学与创意旅游景观设计；第四章为创意旅游景观设计的价值认识，依次介绍了旅游景观设计的层次、旅游景观设计的价值认识两个方面的内容；第五章为创意旅游景观设计中的文化传播，主要介绍了四个方面的内容，分别是创意旅游景观构建文化时空、创意旅游景观中的思想渊源、旅游主体的创意召唤、创意旅游景观设计中的核心内容；第六章为旅游景观创意设计的内容传播，分别介绍了旅游景观内容传播的层次性、旅游景观内容设计的创意策略、旅游景观内容设计的创意表达三个方面的内容；第七章为旅游景观创意设计的情趣传播，分别介绍了三个方面的内容，依次是旅游景观设计中的情趣内涵、旅游景观情趣传播的创意设计、旅游景观情趣传播的符号应用；第八章为辽东地区旅游景观创意设计的传播策略，主要介绍了三方面的内容，分别是辽东地区旅游景观发展概况、传播学视域下的辽东地区旅游景观、辽东地域文化在旅游景观中的创意传播。

在撰写本书的过程中，作者得到了许多专家学者的帮助和指导，参考了大量的学术文献，在此表示真诚的感谢。由于作者水平有限，书中难免会有疏漏之处，希望广大同行及时指正。

迟慧

2022 年 12 月

目　录

第一章 创意旅游的建构和发展

创意旅游时代已经悄然来临，那么到底什么是创意旅游呢？

本章主要从旅游的概念、旅游的产生和发展、创意旅游时代三个方面对创意旅游的建构和发展进行阐述。

第一节　旅游的概念

一、旅游的定义

"旅游"一词具有丰富的内涵。将"旅游"二字拆解开来，"旅"偏重于"行"，即旅行、外出，是为实现某一目的而在空间上从甲地到乙地的行进过程；"游"是"游憩"，指游览、游乐，并在旅行中获得休憩和恢复。二者结合起来就是我们今天常说的旅游。

我国古代的"旅游"包括两个意思。第一，旅行游览。如南朝梁沈约的《悲哉行》中的"旅游媚年春，年春媚游人"，唐王勃《涧底寒松赋》中提到"岁八月壬子旅游于蜀，寻茅溪之涧"等，都包含了旅行游览的意义。第二，长期寄居他乡。唐贾岛《上谷旅夜》中的"世难那堪恨旅游，龙钟更是对穷秋。故园千里数行泪，邻杵一声终夜愁"，唐代尚颜《江上秋思》中的"到来江上久，谁念旅游心。故国无秋信，邻家有夜砧"，明代文徵明《枕上闻雨有怀宜兴杭道卿》中的"应有旅游人不寐，凄凉莫到小楼前"都有此意。

旅游强调的是人们在长期居住地以外的地方旅行和暂时居住而引起的现象和关系的总和，时间最短一天，最长不超过一年。

王淑良的《中国旅游史（古代部分）》给出的"旅游"概念非常全面，"所谓'旅游'，指人们离家外出旅行，以求娱乐、审美和求知，具有运动、文化、经济三大特点。"她还接着提出"中国古代旅游由运动性开始，向文化性和经济性、政治性、娱乐性综合发展"[①]。

从中外古今林林总总的"旅游"定义中，我们可以简单地概括一下旅游的定义，它包含两个层面的复合意义：旅为出行，游为目的。只有具备出行行为，又拥有游览、游憩目的的行为，我们才称之为"旅游"。

---

① 王淑良．中国旅游史（古代部分）[M]．北京：旅游教育出版社，1998．

二、旅游内涵的发展变化

《辞海》（2000 年版）中，对"旅行"进行了较详细的解释："为办事或游览而去外地。可以是体育的手段之一，也是文化休息的良好活动内容。可步行或利用各种交通工具。能增长知识，扩大眼界，锻炼身心。"但对"旅游"一词解释得言简意赅："旅行游览"。从这版《辞海》的释义中可以看出，当时国内对"旅游"的内涵理解较为简单，且与"旅行"较为类似，但关注到了旅游行业的兴起。

旅游的内涵实际上经历了几个时期的发展变化，从对英文的翻译中就可以明显地体会到这个变化的过程。我国早期的"旅游"一词对应的英文是 travel，它在英文中的原意更贴近于"旅行"，其实，人类最早的旅游就是行路，为了生存和生活去开拓、迁徙、探险。"旅游"对应的英文现在应用最普遍的是 tour，它的意义与 travel 相比，更侧重于游览、参观、观光。随着社会的发展和进步，人们生活水平和眼界的提升，今天的旅游者已经远远不满足于过去几十年前流行的走马观花式的观光旅游了，他们在旅游中更关注的是休闲和游憩、使身心放松和愉悦。

在西方社会，将休闲放在学术层面进行研究已经有百年历史了，甚至成为一门学科，休闲学以美国社会经济学家索斯坦·凡勃伦 1899 年的著作《有闲阶级论》为开端。随着科学技术、经济和社会的向前发展，人们的生活水平逐渐提高，属于自己的闲暇时间增多，人们在物质丰裕的同时，也开始向往精神世界的满足。

德国哲学家皮珀在《闲暇：文化的基础》一书中提出，闲暇是人的一种精神状态，是一种接受现实世界的必要形式，强调内在的无忧虑状态，"闲暇同时也是一种无法言传的愉悦状态"。①

"闲暇"（leisure）也可译作"休闲"，国内学界在引用皮珀的观点时，也常将其翻译为"休闲"。皮珀认为闲暇或休闲对人来说非常重要，原因有三点。第一，休闲是一种精神状态，意味着人所保持的平和与平静的状态。良好的精神状态是人全面发展的一个重要条件，在一定意义上说它是推动人的全面发展的基础。第二，休闲是一种能让人沉浸在创造过程中的机会。西方有句谚语"只工作不玩耍，

---

① 约瑟夫·皮珀.闲暇：文化的基础 [M]. 北京：新星出版社，2005.

聪明的孩子也犯傻",适当的休息是为更好工作的加油;休闲,是工作与创造链条上的重要环节。从某种意义上说,社会发展的历史也是通过劳动奋力争取做人权利,争取休闲时光的历史。第三,休闲是人类的基本要求和对生活的享受。好逸是人的本性,逸与劳是矛盾的统一体,有劳才有逸,有逸才有劳,劳逸结合才能有益于人的全面发展。从上述三个特征分析,可以说:旅游从其现实表现来看,属于人类的休闲活动之一。

近年来,"游憩"一词也越来越多地进入与旅游相关学科的学术视野。游憩来自对英文单词 recreation 的翻译,recreation 的拉丁词源是 recreatio,意思是更新、恢复。从英文单词 recreation 的字面意思看,其含义是"再创造"。同济大学建筑与城市规划学院第一任院长李德华先生把它最终定义为"游憩",现在这种翻译已被收进各种英汉辞典中。李德华先生在首届世界规划院校大会上发言提道:20 世纪 40 年代时,他在做"城市规划和居住生活"的相关研究时,因为工作需要和方便而把 recreation 翻译成"游憩",他一直感觉这个翻译有不妥帖之处。因为 recreation 的中文意思"体力、精神上的恢复",在中文中很难找到一个词给予准确的概括。"游憩"的"游"有"活动"的意思,"憩"就是"休息",相对于工作而言,两个词合在一起就有通过活动达到休息目的的意思。

游憩规划的先驱霍华德·丹福德(Howard Danford)将游憩定义为个人自愿参与任何令人心情愉悦的社会休闲活动,并从中立即获得持续的满足感。弗兰克·布洛克曼(Frank Brockman)认为,游憩是积极而愉悦地使用休闲时间。韦氏字典解释"游憩"为工作之后身体和精神状态的恢复,或使身体和精神状态恢复的方法。

由此可见,游憩与休闲有着语义上的相近性,但又有自身的特点,就是更侧重于放松、愉悦地恢复身心健康和状态的活动,能使人获得满足感。随着近年来社会生活压力的与日俱增,旅游者越来越需要这种带有游憩性质的旅游活动,这也意味着旅游者对旅游提出了更多的要求。

今天的旅游,已经是集观光、休闲和游憩等多种目标于一体的人类活动,而且旅游者也会从旅游中充分感受放松、闲适和游憩带来的愉悦,以此来恢复身心和创造力。

第二节　旅游的产生和发展

一、旅游的产生

最早的"旅游"是生存之旅，人类的先祖跋涉于溪流江河、山林旷野，是为了开发和创造更好的生活。据说，西方的海上民族腓尼基人，他们为了经商交换物资，最早开启了海上旅行之路。我国旅游活动的开端可以追溯到华夏文明的创始者黄帝，用今天的眼光看来，他是一个旅游达人。司马迁在《史记·五帝本纪第一》中记载了黄帝喜爱游览名山"中国华山、首山、太室、泰山、东莱，此五山，黄帝之所常游，与神会。"葛洪的《抱朴子》里也提到黄帝去过空桐山（今河南临汝县风穴山）、青城山、黄山、恒山等地。在黄帝的影响下，游山观水、到各地旅行成为后世学习的一种传统。我国历史上著名的部落首领，如舜、尧等，都多次巡视山河。从黄帝到舜、尧，他们的旅行主要是为了治理天下。从商代开始，我国也开始有了商人主导的，为了追逐财富的旅行活动。

随着生产力的发展，城市、道路、交通工具、旅店等设施的出现，使得人类的旅行更加丰富和活跃。帝王为了封禅、巡视而旅行，诸侯、朝臣等为了朝觐而旅行，手工匠人和商人为了生计而走南闯北，书生为了科举……人类不断拓宽旅行的范围和足迹。

随着人类生活条件的进步，"旅游"逐步发展为游乐之旅。中西方的古代社会都有不同阶层的游乐活动，贵族和平民百姓虽然身份不同，但都能享受自然山水之乐。以享乐、游乐为目标的旅游活动，也很早就诞生了。古代帝王都在风景优美之处修建园林园囿，成为他们游览的重要空间。但并非只有帝王贵族才有权利欣赏美好的景物，平民百姓一样可以在风和日丽的时节悠游于山水之间。《诗经》中的《国风·郑风·溱洧》就描写了郑国三月上巳节，青年男女在溱水和洧水岸边游春的景象：

溱与洧，方涣涣兮。士与女，方秉蕑兮。女曰"观乎？"士曰"既且。""且往观乎！"洧之外，洵吁且乐。维士与女，伊其相谑，赠之以芍药。

这首诗记录了男男女女结伴到城外水波涣涣、水流清亮的溱水和洧水边，空间宽敞、心情畅快，人们一游再游，互相戏谑的美好场景。类似记录游玩场景的诗句在《诗经》中还有多处，表明在西周时期我国古人就已经开始欣赏田园山野的自然风光。

随着秦王朝一统六合，书同文、车同轨，国家疆域不断扩展、人们的足迹遍布八方，南北陆路水路密布交通网，人们的脚步更加自由。除了秦皇、汉武等历代帝王巡游封禅，秦汉以来我国还有很多文人雅士壮游天下。书写了《史记》的伟大史学家司马迁在他一生之中漫游了全国 13 个省，从青年时期就开始追随古人足迹、探访名山大川、考察历史遗迹，收集史料和素材。司马迁能够写成《史记》这部被称为"史家之绝唱，无韵之离骚"的不朽名作，一方面是他孜孜不倦，读万卷书；另一重要方面，也是他从行万里路中，进行了大量的实地调查，"网罗天下放矢旧闻"，获得了充分的第一手材料，才能够翔实地写出这部"究天人之际，通古今之变，成一家之言"的兼具思想性和艺术性的史家名著。

从唐代开始，我国古代的旅游已经开始进入到普及阶段。社会很多中下阶层的知识分子，寻古问今、漫游南北、结交豪杰名流。唐代文坛豪迈的文风，与文人胸怀天下的广阔眼光有着密切的关系，如果没有唐代文人的游历之风，我们可能错失李白的"黄河之水天上来"、杜甫的"万方多难此登临"，我们也很难想象唐诗中的众多山水诗、田园诗和边塞诗会变成何等模样。

"旅游"渐渐发展成为一种学习之旅、进步之旅。中国旅游史上的游学之旅开始于春秋末年，一直到战国末年，这种投师求学、以求仕途的旅游活动都十分兴盛。而且可以说，先秦时期的游学是我国最早的文化旅游活动。春秋战国时代百家争鸣，参与游学的以当时社会中崛起的"士"阶层为骨干，从贫寒的百姓到贵族子弟，各种阶层的宗师学子都在其中，游学的物质条件参差不齐且带有明显的功利目的，但在文化品位和审美意识上确实是高水平的。在春秋战国群雄争霸的历史环境下，游学之旅经常是险象环生、艰辛坎坷的，但是对那些有高尚情操、强烈求知欲和远大抱负的学子们来说，旅程中的大好河山和世情险恶的强烈对比，正好锻炼、激励和启发他们如何探索真理、学以致用。正如屈原所说"路漫漫其修远兮，吾将上下而求索"。

在欧洲 17 到 19 世纪中叶，贵族、新兴资产阶级等上流社会子弟到各地的修学旅游所形成的"大旅游"成为一种社会风潮。"大旅游"（Grand Tour）也被翻译为"欧陆游学""大陆游学"，指的是欧洲上层阶级子弟在本国完成学业后，到欧洲大陆进行长时间（通常两年）旅行，并在这种游历中增长见闻和经验，主要是对历史、艺术、外语等人文修养的耳濡目染和锻炼提高。这种欧陆长期游学旅游是由远离大陆的英国贵族发起的，后来欧洲大陆国家也开始效仿。"大旅游"带有非常强的教育目的，但教育效果却褒贬不一。作为教育的一部分，它给参与者更多的收获是文化的熏陶和艺术的培养。这也是大旅游的精华所在。但它带有明显的阶级性，耗资不菲，如果对子弟缺乏严格督导，必然会导致浪费光阴、一无所获。这也给我们今天的游学旅游规划和管理提供了极好的借鉴意义。

二、现代旅游

19 世纪前半叶，"旅游"（tourism）成为一种与过去完全不同的现代现象，伴随着 19 世纪前半期西欧交通技术的革新和社会变化，尤其是铁道旅行的发展而诞生，英国人托马斯·库克（Thomas Cook，1808—1892）成为近代大众旅游、团队包价旅游的开山鼻祖。他作为"近代旅游业之父"，是世界上第一个组织团队旅游的人，也组织了世界上第一例环球旅游团。库克组织了欧洲范围内的自助游，向自助旅行的游客提供旅游帮助和酒店住宿服务。19 世纪中期，托马斯·库克创办了世界上第一家旅行社，标志着近代旅游业的诞生。19 世纪下半叶，在托马斯·库克本人的倡导和其成功的旅游业务的鼓舞下，首先在欧洲成立了一些类似于旅行社的组织，使旅游业成为世界上一项较为广泛的经济活动。1923 年中国在上海成立了第一家旅行社，标志着我国进入了现代旅游的新时期。依托铁路和游轮，全球无数个旅行团队被组织起来，旅游从而被大众化、产业化和组织化。

20 世纪之后西方大众旅游开始兴起，特别是从 20 世纪 50 年代之后，因为二战后欧美国家生产和生活方式的改变、社会福利的加强，在欧美各国缩短劳动时间、延长带薪假期的社会背景下，人们通过闲暇旅游来体现自我价值、发现生活的意义。因此，旅游作为一种合理利用假期的方式，逐渐为大众所接受和欢迎。

对旅游的喜爱可以从日益增长的旅游者人数统计中明显感受到。联合国世界旅游组织在 2014 年预测，2020 年全球旅游人数将达到 14 亿人，但实际上根据世界旅游组织发布的数据，2019 年世界旅游人数已经达到 15 亿人，而且是在相较之前两年增速放缓的情况下。2020 年 1 月，世界旅游城市联合会（WTCF）与中国社会科学院旅游研究中心在京共同发布了《世界旅游经济趋势报告（2020）》，报告指出，2019 年全球旅游总人次为 123.10 亿人次，较上年增长 4.6%；全球旅游总收入为 5.8 万亿美元，相当于全球 GDP 的 6.7%。

发展到 21 世纪，旅游已经成为人们生活甚至人生追求的一部分。今天的旅游方式也已经发生了巨大的改变，团队旅游已经不再是旅游者们的首选。利用现代信息技术工具及服务，即使长距离的远途旅行，甚至到遥远的异国他乡，也会有很多旅游者选择自己独自解决旅途中遇到的一切问题，并给予自己更多的自由选择。很多旅游者旅游的目的是暂时远离常规的生活，追求一种变化，从而获得放松和休息，在闲暇中获得身心的恢复后，再返回常规的工作中去。旅游已经被赋予了超出日常的、神圣的、治愈的目的，成为一种当代生活的仪式。

第三节　创意旅游时代

一、信息世界

过去，旅游目的地的信息主要靠各种旅游指南书、杂志或旅行社发布的信息。在今天，旅游者或潜在旅游者可以依靠大量旅游门户网站，即刻就可获取旅游目的地的各类信息。

几个世纪以来，旅行者被看作有冒险精神的勇敢者，不管是马可·波罗，还是徐霞客，他们走出熟悉的舒适区之后，到陌生的国度或地区旅游，一切都是未知，充满了困难和冒险，一不小心甚至会失去生命。但在如今这样一个信息世界，地球已经变得非常扁平，从沟通到实现、从设想到传播，一切都变得非常简单、理所当然。任何一个旅游者面对陌生的旅游地，只要有现代通信设备，有电、有网络，就拥有一切。如果我们有充足的可供旅游的闲暇时间和足够的金钱，那么我们在旅游中面对的唯一困难就是选择的困难。

信息世界中的旅游者无疑是幸福的，旅游服务软件可以帮助旅游者解决许多问题。我们可以从各种旅游门户网站或服务应用中获得各种旅游资讯，我们可以对旅游目的地、景点门票、交通工具等进行查询和比较。更加有趣的是，各种旅游服务网站上有众多热心的旅游者乐于分享他们的旅游过程和心得。我们可以在网上看到各种图文并茂的"游记""攻略"，在很多视频网站上还可以看到各种旅游短视频，身在家中、还未出行，就已经能直观感受到旅游地的交通、居住、餐饮和娱乐种种。每个想要旅游的人都可以化身旅行家。

在信息世界中，旅行社的团队旅游模式受到了极大的冲击。过去团队旅游会帮助旅游者在陌生的旅游目的地获得便捷的交通、住宿和餐饮服务，并享受团体价格的优惠。但在今天这个信息社会，旅游软件可以帮助旅游者在最短的时间内预订酒店、机票（或车票、船票），仅仅需要动一动手指。过去的旅行团队提供导游服务，今天充满个性和智慧的旅游者，大多数都可以做自己的导游，依靠各种手机地图，我们可以在任何城市不迷路。甚至我们可以根据自身需要随时调整旅行路线，如在苏州金鸡湖畔步行的旅游者，遇到共享单车后马上可以变为骑行。而且根据大数据，手机软件根据旅游者的搜索记录和定位，会优先推荐各种景点或美食，让旅游者更加轻松便捷地进行旅游活动。过去不可想象的一切，在如今高度发达的信息世界里或许都可以变为现实。

二、消费时代

很多聪明的商家会关注旅游景点的差异，将旅游景点的差异进行打磨、突出或重构，这种被精心突出的差异就是旅游景点的品牌，品牌化的旅游景点具有更大的商业价值、产生更多的利润。

旅游地商业化的营销也是为了应对目前激烈的市场竞争。旅游者也是消费者，他们对旅游目的地的选择如同挑选服装、手机等商品。今天的旅游者可以从电视、互联网、杂志、报纸、书籍等大众传媒中获得旅游目的地的宣传信息，或通过其他旅游机构或旅游者的测评推荐获得信息，除了对旅游目的地的偏好和喜爱，有的旅游者对旅游活动的规划一般来自两点限制：金钱和时间。对他们来说，旅游资金的多寡当然能决定旅游目的地的选择，宝贵的假期对当今社会的旅游者来说甚至比金钱更为重要。

在消费时代，旅游活动中的很多内容都被消费符号化了。从开始旅游、进入机场或高铁站的瞬间，游客的符号化行为就开始了：机场背景和机票、酒店环境、旅游景点、旅游地购物和美食……旅游中的一切都是消费的一部分，而精美图片上传网络就是消费的符号和证明。

三、旅游景观的创意召唤

随着社会的快速发展，今天的旅游已经发生了极大的变化。旅游景观作为旅游活动的依托和展开环境，也在发生着巨大的变化。今天旅游的变化与旅游者对旅游景观"旅游凝视"深度的变化有着紧密的关系。

"旅游凝视"指旅游者在旅游中作为主体，将旅游地的旅游景观及旅游地居民（物及人）作为客体，进行旅游视角的观照的现象。"旅游凝视"最常见的产物就是照片。游客的视线往往投向与人们日常生活体验相异的旅游景观之中，旅游者特别喜欢将旅游景观作为审美把握对象，饶有兴致地观赏。旅游者的"旅游凝视"深度并不是一成不变的，影响最大的就是旅游交通工具的变化。

在以火车为主要交通工具的旅游时代，旅游主要以"观光"为目的，旅游景观对游客来说是一个与日常生活距离较为遥远的陌生场景，旅游者对旅游景观的观赏带有明显的距离感，旅游景观在旅游者面前是平面的、无阴影的。想象一下，游客在完全陌生的城市，甚至完全陌生的国度，跟随旅游团导游的指引，面对旅游地被精选出的最为知名的旅游景观——埃菲尔铁塔、巴黎圣母院、卢浮宫，或故宫、天坛、长城，游客完全被景观展现的雄伟的场景征服。

近年来影响旅游活动的重要因素是智能手机和各种旅游服务相关 APP 的迅速发展，旅游变得有了前所未有的个性化。如果在二十年前或十年前到苏州旅游，我们可以选择跟团游，当然，我们也可以选择当一名"散客"自助游。作为自助游体验者，我们可以提前研读《中国自助游手册》，或者在书报亭购买一张苏州地图，然后开始按图索骥之旅。但不论如何，我们的旅途不会偏离苏州最有名的拙政园、狮子林、寒山寺等景点。但是如果在今天，我们作为普通的旅游者，每个人都可以进行前所未有的深度游。

这里可以列举一个作者本人的苏州旅游经验。在2019年5月的劳动节小长假第二天，我从北门进入虎丘山风景名胜区，按自北向南的路线游览，从南门离开虎丘山景区。虎丘南门对面的公交车站、出租车乘降站的成群结队的候车人群令人瞠目。因为条件反射，我马上打开了手机中的某打车软件，结果当然也是徒劳。我又打开一个常用的地图软件，发现邻近虎丘景区的一条河流叫"山塘河"。熟悉苏州的人都知道，苏州有一个非常知名的景点"七里山塘"，查看地图软件，发现这条河果真就是通往著名景点山塘街的。虽然当时并不确定是否能沿着山塘河顺利地走到山塘街（毕竟在来时就看到当地有道路在维修，且有其他施工或道路不通的可能性），但考虑到我携带了充电设备且电力充足，依靠手机不会迷路，我当机立断决定尝试找到山塘河，并沿着山塘河前往山塘街（本人落脚的酒店就在山塘街附近）。

在从虎丘南门向东寻找山塘河岸，在这段非常短暂的"冒险"路途中，街边出现了一家家鳞次栉比的婚纱和婚庆配饰用品商店。亮晶晶的金属、水晶或玻璃饰品、各式各样款式精美的婚纱礼服吸引了我的好奇心，忍不住在其中一些店铺逛了一会儿，并购买了一些小饰品作为旅游伴手礼。后来我才知道，在路上偶然发现的这一大片婚纱店，是苏州有名的婚庆用品一条街，同时也是亚洲最大的婚庆用品批发市场。我很快从这条令人眼花缭乱的旅行"支线"中抽离出来，继续按手机地图指示的方向靠近山塘河，但又发现另一个难题：山塘河近在眼前，但我在一条地势较高的公路的人行道上，山塘河就在我所在的公路下方。当时我完全看不到从公路下到山塘河边的路，而且我沿着公路走很可能会远离山塘河。我只好先停在公路边歇脚，想想对策。突然发现公路下方游人寥落的山塘河边（此处的山塘河远离旅游热门景点）走来一队打着导游小旗的外国游客，我的直觉告诉我一定有路可以通往下面（否则他们是怎么下去的呢）。我立即向山塘河的方向边走边观察寻觅，终于发现几步之遥就有一处不起眼的水泥台阶可以通到下方的山塘河边。

接下来的山塘河之旅是非常惬意的。这条路就在苏州人的普通居住区里，并不是任何旅游攻略上所提到的观光景点，它远离五一小长假汹涌的人潮，一边是静谧的山塘河，一边是白墙黛瓦、原汁原味的水乡民居，而且沿着山塘河向东南一路前行，依次发现了中国南社纪念馆、张公祠、鲍传德庄祠、普福禅寺、五人之墓、敕建报恩禅寺、陕西会馆等隐藏景点。我品尝了街边小店的冷饮和当地街坊会买的小吃，也仔细观察了山塘河畔原生态的普通民居，踏足了以石碑铺地的巷弄，从水边窄小的二楼窗子瞭望窗外的风景，并来回走过几遍山塘河上的石桥……我独自漫游了四个小时，深入感受了最普通、最接地气的苏州，这也是我在五一汹涌的旅游人潮中，记忆最深，也是最令我回味的一处苏州景观。

我们可以想象，今天任何一个游客都有可能像我一样，或驾车或骑着共享单车或步行，或主动或被动地偏离旅游景点之间的主线，按地图索骥走一条旅游软件都没有推荐过的路线。这种旅游充满了个人体验，最受游人欢迎的旅游景观应该像苏州一样，每一条街道巷弄、每一个街边小店、每一座桥、每一棵开花或不开花的树，都能给游人一个充满意味的画面。

第二章 创意旅游景观设计的内涵

本章主要介绍了创意旅游景观设计的内涵，分别从以下三个方面进行阐述，即旅游景观设计存在的问题、创意旅游景观设计的相关概念、创意旅游景观设计的特征。

第一节　旅游景观设计现状

21 世纪是知识经济时代，旅游业作为世界上最大的产业之一，从业者、规划者、学者纷纷关注和研究如何使旅游业更好地适应知识经济时代的浪潮。

我们已经意识到旅游业是经济行业，更是文化产业。现今世界的经济发展模式，已从传统的农业经济、工业经济和服务经济迈向"体验经济"这一新型经济发展模式。过去，我们常把旅游业作为服务经济中的一部分，现在也需要向"体验经济"时代迈进。"体验"是什么？体验就是文化。如《体验经济》一书中所举的例子：咖啡豆刚刚收获时（作为初级产品）的价格是 1—2 美分一杯。[①] 生产商对这些咖啡豆加热、研磨、包装后拿到市场销售（作为产品），价格变为 5—25 美分。如果这些咖啡豆在小餐馆、速食店或普通酒吧煮好端给顾客（作为服务），价格变成 50 美分到 1 美元一杯。如果这些咖啡豆制成的产品在星巴克咖啡店或五星级酒店销售（更良好的氛围、更高级的服务），消费者愿意支付 2—5 美元。从初级产品、产品到服务，使商品的价值有了两到三个等级的增长。还有更惊人的，例如，在威尼斯圣马可广场的 Florian 咖啡馆，每杯咖啡会卖到 15 美元，而且游客乐于支付这杯咖啡的账单，因为在这个咖啡馆的露天座椅上可以吹拂着地中海的徐徐微风，感受圣马可广场作为"欧洲最美客厅"的壮观和精致，游客们绝对会说这杯咖啡"物超所值"。这就是旅游地文化的价值和力量。

2018 年 3 月，国家为增强和彰显文化自信、统筹文化事业、文化产业发展和旅游资源开发，提高国家文化软实力和中华文化影响力，推动文化事业、文化产业和旅游业融合发展，将文化部、国家旅游局的职责整合，组建文化和旅游部，作为国务院组成部门。可见，"文化"和"旅游"有着从发展根基、发展目标和发展方向上的一致性，文化和旅游相辅相成，是天然的伴侣。

---

① 　B. 约瑟夫·派恩，詹姆斯·H. 吉尔摩. 体验经济 [M]. 北京：机械工业出版社，2017.

被联合国教科文组织收录在"世界遗产名录"中的世界遗产，包括世界文化遗产、世界自然遗产、世界文化与自然双重遗产三类。世界遗产是指被联合国教科文组织和世界遗产委员会确认的人类罕见的、无法替代的财富，是全人类公认的具有突出意义和普遍价值的文物古迹及自然景观。截至 2021 年 7 月 25 日，世界遗产总数达 1122 项，分布在世界 167 个国家和地区，世界文化与自然双重遗产 39 项，世界自然遗产 213 项，世界文化遗产 869 项。中国拥有世界遗产 56 项。

世界文化遗产专指"有形"的文化遗产，和联合国教科文组织的另一项"非物质文化遗产"完全不同。世界文化遗产主要包括：（1）文物：从历史、艺术或科学角度看，具有突出的普遍价值的建筑物、碑雕和碑画以及具有考古性质成分或结构的铭文、洞穴以及其综合体；（2）建筑群：从历史、艺术或科学角度看，在建筑式样、分布均匀或与环境景色结合方面具有突出的普遍价值的独立或连接的建筑群；（3）遗址：从历史、美学、人种学或人类学角度看，具有突出的普遍价值的人造工程或人与自然的共同杰作以及考古遗址。

这些世界遗产基本都是世界各国最重要的旅游景观，在这些旅游景观中，游客可以感受各国、各地区最突出、最有特色的文化遗产。这些闪耀着人类文明光芒的建筑、遗址和文物等，用其独有的语言与今天的游客沟通交流，并以特有的魅力召唤着人们不断前来。

除了长城、故宫、雅典卫城、凡尔赛宫等世界文化遗产旅游景观，世界各地还有许多地区和城市拥有独具魅力的旅游景观，具有不逊色世界文化遗产的旅游吸引力。比如，沙漠戈壁中崛起的拉斯维加斯、位于沼泽地中的奥兰多、新兴的沙漠明珠迪拜、由工业港口城市转型为艺术重镇的毕尔巴鄂。人类不仅仅能维持过去的文化遗产的光辉，也会随着时代的发展创造新的历史和文化，产生更多引人入胜、光彩照人的新型景观。近二十年，中国的旅游业发展如火如荼，各种旅游项目、旅游景观的规划、开发和设计使人目不暇接。

第二节　创意旅游景观设计的相关概念

一、"景观"概念的演变

"景观"一词在人类文化史上出现的很早，它的概念从出现至今经历了一个动态的演变过程，内涵较为丰富。西方的"景观"一词最早出现在希伯来文的《圣经·旧约全书》中，它被用来描写所罗门皇城，也就是耶路撒冷的瑰丽景色。英文中的 landscape 和 scenery，都是对具有观赏意义的景象的描述。特别是 landscape，从 16 世纪末开始作为绘画艺术的专门术语，指风景，也就是自然景色。

我国最早在《晋书·王导传》中出现了具有类似 landscape 概念的"风景"一词，从此"风景"作为"景观"的同义词出现在我国的文学艺术领域。从东晋开始，山水画（类比于西方的风景画）就已从人物画的背景中脱胎而出，独立成为一个门类，"山水"（以山水为主体的自然风景）很快就成为艺术家们的研究对象，丰富的山水美学理论堪称举世无伦，因此也才有中国园林景观的至美。

19 世纪下半叶开始，随着科学的发展，对"景观"一词的内涵和概念在学术界分歧较大。1885 年德国地理学家温墨在《历史的景观学》一书中第一次将"景观"定义为地理学的概念。1949 年俄国地理学家贡博扎布·采别科维奇·崔比科夫对景观提出著名的定义："自然地理景观应该是在一致的地域，在它的范围内，能观察到地质构造、地貌形态、地表水和地下水、小气候和土壤、植物群落和动物群落的同一种相互联系、相互制约的结合体有规律的典型的重复。"[①] 显然，从地理学角度来看，景观的理论核心是自然综合体，具有均一性、多样性和完整性等基本特征。在我国，汉语中的最早的"景观"一词是也是近代地理学科率先引入的，地理学对景观的研究偏重科学和理性，将景观作为现象来研究（包括景观的特征、成因机理、分异和演化规律）。

现在，"景观"是一个含义广泛的术语，不仅在地理学中经常使用，而且在建筑、园林、日常生活等许多方面也经常出现，被广泛地运用为一个科学名词，

---

① 孙文昌. 现代旅游开发学 [M]. 青岛：青岛出版社，1999.

定义为一种地表景象，或综合自然地理区，或是一种类型单位的各个领域中：地理学家，把景观用作通称，如城市景观、森林景观等；艺术家，把景观作为表现与再现的对象，等同于风景，在这一意义上一直延续着它的最初含义，都是视觉审美意义上的概念；建筑师，则把景观作为建筑物的配景或背景；生态学家，把景观定义为生态系统或生态系统的子系统；而更常见的是，景观被城市美化运动者和开发商等同于城市的街景立面，霓虹灯、园林绿化和小品。建筑、风景园林方面的研究者，如学者俞孔坚认为，景观是指土地及土地上的空间和物体所构成的综合体。

"景观"不仅仅是自然的风景，它还包含了人类活动在大地上的痕迹和烙印，所以也可以涵盖地景。除了视觉审美对象（风景），它还包括人类生活的空间和环境（栖息地和生态环境），更包含了一种记载人类过去、表达希望与理想，赖以认同和寄托的语言和精神空间（作为文化符号存在的遗址、纪念物、现今的文博机构等）。

所以，我们将"景观"这一概念放到旅游背景的研究范畴中，将其理解为一个地区的整体外貌，即各景观要素组成的相互联系、和谐的综合体。

二、景观设计

景观设计（Landscape Architecture）这一概念在 1858 年由被称作"现代风景园林之父"的美国建筑师奥姆斯特德提出。Landscape Architecture 有很多不同的译法，如"景观建筑学""造园""风景园林""景园"等。相对于环境设计领域而言，建筑规划领域的"Landscape Architecture"译为"景观规划设计"较为贴切。而且景观设计的内涵还有不断扩张之势，已经超出风景园林专业的传统范畴，其内涵随现代生活的发展而不断变化，其核心是人类户外生存环境的建设，重点是各种环境的规划与设计。

环境范畴中的"景观设计"更倾向于景观形态的设计，针对现代设计活动中产生的各种弊端，强调设计形态的动态变化而非僵死形式，强调设计的系统性而非单一项目的自我表现，强调"关系"而非孤立的构筑物，强调科学、技术与艺术结合而非对于人类成就的片面表达。

西方国家享受了工业文明的先发优势，在经济发达和思想开放的基础上，使社会各阶层人民享受到更休闲的生活方式。西方社会普遍对景观的观念有三层认知：一是能欣赏自然景观的真实价值；二是人们将自身投入或参与自然之中，并以此解除来自现代生活的压力；三是一种合理调节现代生活与生态平衡关系的愿望，认为人是生态平衡的一部分。

衣食住行问题是国计民生的大事，是优先于视觉上的审美享受的。只有当基本民生有了必要的保证后，大多数的国家才可能认真地动用资金来解决景观问题。如在英国，直到20世纪70年代后，政府才认识到：一处优美的风景景观就等于一项高效的国家级商业。若干年后，这种观点才被更多有远见的企业家接受。

如今，现代人把自身的需要、愿望和抱负投射到对景观的设计之上。景观设计的核心首先是对人类所拥有的个人环境和家园的改造。从这一点出发，人们在习俗、区域、族群等方面进行适应性调整，最终，把这个星球作为一个整体加以宏观思考。虽然西方人十分喜爱几何比例所呈现出的静谧与安宁，但是东方智慧影响下的人们更喜爱"虽由人作、宛自天成"的天然与清新，不论何种偏好，还是景观设计，无疑都是一种将人类对所处环境的感觉导向浪漫的生态艺术。

三、旅游景观

旅游景观是旅游活动形成的载体，是旅游业发展的依托，又是人类社会传播文化、传承文明的重要工具。一般而言，旅游景观按其属性可分为自然旅游景观和人文旅游景观两大类。可以说，广义上旅游景观包括所有的旅游资源。

自然景观是旅游区构景的重要组成部分，系指能使人产生美感，并能为旅游业所利用，产生效益的自然环境和物象地域的组合，它包括山、水、气，光、动物、植物等。可以归纳为地文景观、天象与气候景观、水域景观和生物景观四个方面，如名山、峡谷、岩洞、峰林、石林、火山，海滩、沙漠、戈壁、岛屿、湖泊、河流、泉水、瀑布、冰雪、森林、草原、古树名木、野生动物、自然生态等。它们巧妙地结合，构成千变万化的景象和环境，通过人的视觉、听觉、嗅觉、味觉，触觉、联想、理念的感知和综合分析，从而产生美感，获得精神与物质上的享受。近年来，一些自然景观在一定程度上加入了人工因素，但由于主体景观的成因是自然的，因此这类资源习惯上也称为自然景观。

人文景观是指在人类历史长河中不断沉积形成的物质或非物质的景观，由古今人类所创造，能够激发人们旅游动机的物质财富和精神财富。它内容丰富、含义深刻，有明显的时代性、民族性和高度的思想性、艺术性。如古遗址、历史纪念地、名人故里、帝王陵寝、古墓、宫殿、寺院、石窟、古建筑、古园林、博物馆、艺术展演场所等。

在现实旅游活动中，旅游景观往往是以自然景观和人文景观的复合体呈现出来。旅游景观中能够充分展现旅游目的地的整体风貌，具有观赏价值、历史文化价值、科学价值、生态价值，还能直接为旅游活动的开展带来经济效益、环境效益和社会效益。旅游者的游览过程，从某种程度上来看，就是对各种旅游环境的感知、审美过程。那些对旅游者产生吸引的旅游环境中的各种景物实际上都可以涵盖在旅游景观的大范畴中，如果一个旅游目的地没有自己独特的景观形象、一定的强度和突出的属性，就可能不会激发游客的动机。因此，旅游景观的吸引力是一般人选择旅游地点时所考虑的重要因素。

四、旅游景观设计

旅游景观设计（Tourism Landscape Design）是景观设计学与多学科交叉的一个专向设计学科，旅游景观设计要充分考虑设计学、市场学、消费行为学、生态学等多方面的因素，从整个旅游景区的主题出发，根据旅游者的旅游消费与审美需求进行景观设计立意和构思、有序安排景观要素及合理设计景观格局，通过旅游功能分区和分地段景观设计等手段，对景观加以控制、维护和管理，最终实现旅游景观的可持续发展。

旅游景观设计是现代旅游开发与规划研究中的一个重要分支，是一门综合学科，主要研究的角度是旅游规划、园林设计、景观设计等，它是以旅游学基本理论为指导，在分析旅游市场需求、旅游环境容量、旅游各要素变化与发展等问题的基础上，运用景观生态学原理规划、设计旅游景观的实践活动，是旅游总体开发与规划的重要步骤，也是景观管理的重要手段。

广义上可以将旅游景观设计分为两个类别：旅游区域景观设计和旅游景区景观设计。根据旅游区域规划的任务范畴，旅游区域规划景观设计主要关注区域环境与城市关系，服从于旅游目的地整体形象，通过城市景观表达和再现旅游目的地形象。区域旅游形象构建侧重空间关系分析，对区域内视觉体系的构建，即旅游景观的布局和建设，完成从理念定位到空间定位的实现过程。区域景观设计涉及区域的地质地貌、水文、气候、动植物、社会人文历史等方面，并对地域文脉、地脉进行挖掘，创造具有地域特色的景观，进而塑造城市、城镇和城乡等不同区域类型的旅游景观形象。

旅游景观设计狭义上指旅游景区景观设计，根据不同景区的主题，对建筑、基础设施、地形、植被、水文等予以时空布局并使之与周围交通、景观、环境等系统相互协调。狭义旅游景观设计分类包括自然风景名胜区、人文风景名胜区、城市公园、度假区、主题公园、城市开放游憩空间景观设计等，以及详细的景观节点设计。

旅游景观设计是旅游规划设计的重要组成部分，同时旅游景观本身也是旅游吸引物。研究旅游景观设计，还要对旅游者和旅游景观之间的关系进行深入的分析，因为旅游者与景观之间的关系是处在动态的变化之中的。

在我国，旅游景观规划设计是伴随着旅游产业经济发展形成的新的交叉边缘学科，发展时间和历程略短。综合分析，从旅游景观规划设计产生伊始至今，大体上可分为三个阶段：

第一阶段：萌芽状态，杂乱的初级阶段（1978—1990）。我国旅游开发伊始，旅游规划发展还处于起步阶段，此时还是地理学的学科理论作为其基础，旅游景观规划设计也基本处于萌芽的初级阶段。之后，有少数旅游规划设计者，从自身不同的专业领域角度出发，自发地进行旅游景观规划设计，但整体上缺乏系统体系和行业标准，常常掺杂在其他的内容中。总体来说，此时的旅游景观规划设计是处于一个没有体系标准，多学科自发进行的初级阶段。

第二阶段：发展融合，整合的进阶阶段（1990—2000）。规划从业者和相关设计师们开始尝试将旅游规划和景观设计结合，在旅游规划中重点突出景观设计，或作为重要章节，或形成独立系统，尝试性地开始编制独立的旅游景观规划设计。

同时，景观规划设计、城市规划和建筑设计等多个学科在旅游业发展领域内融合力度不断加大，景观设计师也成为旅游规划人员队伍中重要的组成机体。此时的旅游景观规划设计在不断地融合中升华、创新，为之后更远的发展奠定基础。

第三阶段：关注提高，提升的成熟阶段（2000年至今）。在这个阶段，旅游景观规划设计成为大量旅游景区或旅游产品解决增添项目内容，提升品质等级等方面的主要手段之一。此时的旅游景观规划设计强调旅游景观要素是旅游发展和旅游活动吸引力的重要组成部分，一度将旅游景观直接作为核心产品进行打造开发。

另外，此时的旅游景观规划设计的学科研究发展也步入一个新的阶段。除传统相关专业外，包括艺术、美学、雕塑等专业学科也都参与到旅游景观规划设计中来。各高校也分别设置相关联学科专业，对旅游景观规划设计进行系统研究和教学，也形成了若干理论和研究成果，培养了一批批专业的规划设计人才。同时，在这一时期，各类的规划设计公司和企业，出于业务发展的需要，大量对旅游景观规划设计的相关应用性进行研究，并在实践中对其进行验证和提高，这也直接推动了旅游景观规划设计的发展。

旅游景观设计需要众多学科和专业的参与，这是由旅游活动众多特质决定的。行、游、住、吃、购、娱——旅游的"六要素"直接反映了旅游景观设计与众多学科和专业配合的特点，它广泛涉及旅游开发与规划、风景园林生态与绿化、园林建筑、环境艺术、心理学、历史学，地理学、民俗学和文化学等多专业内容。旅游景观设计尽管面对的自然环境和规模不同，但它的主要任务是，通过利用、改造自然地形地貌或者模拟自然景观环境，结合植物栽植，配置人工设施的办法，构成一个供人们观赏、游憩的优美旅游环境。很显然，为了尽量减少人类旅游活动对自然环境的破坏，对旅游环境的规划控制是至关重要的。在这方面，旅游生态学从景观单元的类型组成、空间配置及其与生态学过程相互作用的角度，强调空间格局、生态学过程与尺度之间的相互作用，并成为其研究的核心。旅游景观生态规划是随着环境意识的增强而注入旅游区景观规划设计的一股重要思潮。

旅游者的游览过程，从某种程度上来看，就是对各种旅游环境的感知、审美过程。那些对旅游者产生吸引力的各种景物，如果没有自己独特的景物形象、突出的属性，就不可能激发游客的动机。因此，景物的吸引力是一般人选择旅游地点时所考虑的重要因素。在这方面，环境艺术设计学从环境感知和审美的角度，根据视觉规律，通过对景物视觉形象表现力的研究，增强了旅游环境形象魅力研究的发展，并成为当今中国一支重要的新兴景观设计力量。

旅游作为快速发展的产业，过去传统的旅游六要素——行、游、住、吃、购、娱，已经不能完全概括旅游活动的主要特征。旅游者已经不满足作走马观花的旅游景观的游览者，而是要在旅行中融入旅游景观环境、达到浑然忘我的境界，以求身心的放松，或寻求个性化的另类感受，提高旅游活动的参与感、亲历感，以求拓展心灵的空间。这就对旅游景观设计提出了更高的要求。

一直以来，国内旅游景区设计建设起主导作用的是旅游服务和策划规划行业，他们在旅游规划框架下注重对旅游行为的研究，并以此为基础进行旅游景观规划设计。而本书探索的旅游景观设计，是在传播学视域下对旅游景观进行考察，将传播学与环境艺术设计相结合，从文化、艺术等角度切入，重在对景物形象、氛围等进行传达设计。为适应旅游行业发展，为旅游者不断增加的新需求服务，旅游景观设计也应转化思路，探求如何将旅游景观打造为更加富有内涵、更贴近旅游者心灵、使游客获得更满意体验的"梦幻岛"（neverland）。

五、创意旅游景观设计

今天，旅游景观的设计前所未有地需要"创意"的加持。

在信息高度发达的今天，旅游者对旅游景点、景区的描述和评价不再需要口口相传，我们只要浏览网页和手机 APP，就能够观看到几乎任何旅游景点的照片和视频，很多旅游目的地要经过从旅游活动诞生之日起前所未有的审视和评判，才会被今天谨慎精明的旅游者挑选作为下一个旅游目的地。

旅游景观设计本身就是一种高度智性的工作，需要专业技术和能力对原有的自然或人文景观进行加工改建，甚至无中生有地营造出引人入胜的景观。特别是今天，旅游景观设计需要差异性、需要个性、需要创新、需要打动人心。这一切需要"创意"的帮助。

"创意"从字面上直译就是"创出新意",指创出新意或意境。英文解释是create new meanings。创意是创造意识或创新意识的简称,它是指对通过现实存在事物的理解以及认知,所衍生出来的一种新的抽象思维和行为潜能。

创意是一种通过创新思维意识,进一步挖掘和激活资源组合方式进而提升资源价值的方法。创意是传统的叛逆,是打破常规的哲学,是破旧立新的创造与毁灭的循环,是思维碰撞,智慧对接,是具有新颖性和创造性的想法,不同于寻常的解决方法。

"创意"与"设计"是天然好友,"设计"一词本身就包含着"创造"的含义。对"设计"最简单的解释就是"发现问题、解决问题"。"旅游景观设计"实际上就是要解决旅游景观存在的问题。如何解决呢?这就需要"创意",针对旅游景观存在的具体问题、设想、难点等给予不断延展、不断开拓含有新意的表现方式或解决方案。创意旅游景观设计与一般的旅游景观设计相比,更强调"与众不同"的设计理念,有针对性并且有创新、有意义的设计,才称得上是"创意设计"。对旅游景观设计来说,创意可以跟艺术、文化表现紧密相关,创意也可以形容对旅游景观规划、设计的新点子,或预测旅游发展的方向,或开辟新的旅游功能等。总之,创意旅游景观设计也可以是使旅游景观适应新条件、新环境、预见未来发展的技巧和才智。

第三节　创意旅游景观设计的特征

一、文化性

文化性是创意旅游景观设计最基本的特征之一。不论"创意""旅游景观"还是"设计",这个词组的任何一部分都与文化息息相关。

在英文中,文化(culture)一词的词根来源于"耕种",而且culture本身还有"栽培、养殖、养育""文明、文化群落、文化修养"等含义。所以说"文化""文明"都来自人类的躬耕和劳作。在英文语义中,"文化"一词更偏重物质生产。

在我国最早提到"文化"一词的是《周易》的《贲卦·象传》"刚柔交错，天文也；文明以至，人文也。观乎天文，以察时变；观乎人文，以化成天下"。意思是说：观察天道运行规律，以认知时节的变化。注重人事伦理道德，用教化推广于天下。从这个角度上，我们可以理解文化就是观察自然和生活、总结规律和经验，然后将规律和经验推广到生活、生产当中。我国的"文化"古语含义更偏重人的道德养成和人文教化。可以说，在我国古代的语义中，"文化"一词更偏重精神生产。

《辞海》中对"文化"是这样解释的：广义指人类在社会实践过程中所获得的物质、精神的生产能力和创造的物质、精神财富的总和。狭义指精神生产能力和精神产品，包括一切社会意识：自然科学、技术科学、社会意识形态。有时又专指教育、科学、文学、艺术、卫生、体育等方面的知识与设施。作为一种历史现象，文化的发展具有继承性，也具有民族性、地域性。不同民族、不同地域的文化又形成了人类文化的多样性。作为社会意识形态的文化，是一定社会的政治和经济的反映，同时又给予一定社会的政治和经济以巨大的影响。

旅游景观本身就是人类的物质和精神生产，同时也是人类的物质和精神财富。即使是景色奇峻的自然旅游景观，如巍峨壮美的高山、难以攀爬的峡谷、水流湍急的江河等，也要经过人的改造才能适宜游客的游览出行；自然景观还离不开人类的文化装点，修桥开路、竖碑立亭、移花接木、摩崖石刻等，无不为自然景观锦上添花、更加引人入胜。人文旅游景观更是离不开人的文化创造，否则何谈"人文"二字。

如前文所述，旅游景观中不论自然景观还是人文景观都离不开人的文化创造，从审美角度或功能角度出发，旅游景观中的文化创造实际上就是"设计"。而创意旅游景观设计更离不开"文化"的滋养。

创意旅游景观设计离不开文化。首先，文化是创意旅游景观设计的资源。在旅游景观更富创意的过程中，文化是设计的宝贵资产和灵感的来源。很多著名的创意旅游景观都大量利用了文学、戏剧、绘画、音乐、舞蹈、电影、动画等各种文化形式，它们相互借鉴、相互补充，共同构成创意设计的基础。不论现代的创意旅游景观还是传统的创意旅游城市，没有文化和艺术就没有好莱坞环球影城、没有迪士尼乐园，也没有巴黎、巴塞罗那和威尼斯。其次，文化还为创意旅游景观设计提供深度体验。创意不等于直白地引用和肤浅地植入，创意旅游景观需要一定的文化层次和深度可供游客品味、咀嚼和思考；或者说为了适应今天游客普遍提高的文化素质和心理需求，让旅游景观通过创意和设计变得更加具有创造性、洞察力和新奇感，使旅游者感受到在旅程中付出的宝贵的金钱和时间是具有等额的价值回报的。最后，文化还为创意旅游景观设计搭建了足够的展示平台。文化激发创意，使旅游景观不断进行设计改进，使旅游景观历久弥新，如北京故宫、杭州西湖等历经千百年光阴的旅游景观，以传统文化为平台，可深挖传统、可新老混搭、可创新突破，文化平台的托举使创意设计获得尽情发挥的舞台。

二、主题性与故事性

创意旅游景观设计与文化产业关系紧密，文化产业的产业结构都以内容为王来体现。所谓内容为王，就是内容创意是文化产业最主要的价值源泉。内容包括故事、设计、节目、活动、明星等各种形式。创意旅游景观设计也同样需要为旅游消费者提供具有丰富文化性的内容，创意设计作用于旅游景观表现出的明显的特征是主题性和故事性。

旅游景观的特殊性决定了创意设计要为旅游消费者提供具有鲜明主题性和故事性的创意设计。旅游者的旅游行程通常发生在较短的时间内，游客通常在旅游目的地停驻几小时到几天不等，如果进行过于复杂、需要较多时间解码的景观内容设计，就无法在短时间吸引游客的注意，使游客获得充分的体验感。旅游景观中的主题性和故事性可以成为召唤旅游者的强大吸引力，同时也为旅游者提供了更多更明确的选择。

旅游景观的主题性和故事性又具有强大的促进消费潜力和变现能力，这也是创意旅游景观设计需要具有主题性和故事性的另一个重要原因。比如，2021 年 9月北京环球影城主题乐园在北京正式开园迎客，门票在正式开售一分钟内售罄，根据售票情况估计在 9 月 20 日正式开园当日有三万人进入环球影城主题乐园。

而且此乐园的门票、酒店、餐饮、IP周边产品的价格全部定位在我国大众消费者能够接受的上限。这些都说明游客对具有鲜明特色主题和故事的旅游景观的认可和喜爱。

旅游景观的"创意"主要体现在如何设计和表现旅游者喜爱的主题和故事。只有鲜明、富有表现力的主题和故事，才能让游客建立有效的联想，从而产生体验，并进一步形成深刻持久的回忆。对主题和故事的创意和构思需要强大的想象力和创造力，而且要把主题和故事在景观设计中表现得淋漓尽致，毕竟重复已有的主题和故事或景观中缺乏对相应主题或故事的高度体验化表现是无法有效吸引游客的。

三、情趣性和氛围感

创意旅游景观设计的情趣性和氛围感是其重要特征之一，原因在于，旅游景观本身的存在价值取决于它能否为旅游消费者提供娱乐。

我国古代对"情趣"的解释是：其一，性情志趣。《南齐书·孔稚珪传》："稚珪风韵清疏，好文咏，饮酒七八斗，与外兄张融，情趣相得。"其二，亦指意境、情致。姚最《续画品》："沈粲笔迹调媚，专工绮罗屏障，所图颇有情趣"。

在旅游景观设计中综合把握的"情趣"，就是思想、情感、意境和趣味。简单地说就是有"情"有"趣"。旅游者在旅游景观中或多或少会得到一些对景观的体验，创意旅游景观设计的目标之一就是增加情趣性和氛围感，从而提升旅游者的旅游体验。

体验是人在经历一些事情过程中和事后的心理感受，这种感受是人与物、人与环境、人与人互动交流之后所产生的情绪反应。

人们常把短暂而强烈的、具有情景性的感情反应看作情绪，如愤怒、恐惧、狂喜等；而把稳定而持久的、具有深沉体验的感情反应看作情感，如自尊心、责任感、热情、亲人之间的爱等。实际上，强烈的情绪反应中有主观体验，而情感也在情绪反应中表现出来。通常所说的感情既包括情感，也包括情绪。

人的情感复杂多样，可以从不同的观察角度进行分类。例如，从大脑的三种层次即前脑、中脑和后脑划分，它们分别负责反射性情感、基本情感和社会化情感。由于情感的核心内容是价值，因此人的情感必须根据它所反映的价值关系变化的不同特点来进行分类。

无论是愉悦的还是痛苦的情感，旅游者对旅游景观的情感反应是可以受设计意图的影响的，良好的景观设计可以在旅游者心中激起的丰富的情感体验。旅游者在旅游体验过程中，会在潜意识里把旅游景观中的感性信息和自己记忆中的情感体验信息进行比对，一旦吻合，就会唤醒沉睡多时的相应的情感记忆，从而引起一系列的心理、生理乃至行为上的反应。

旅游景观如果能引发旅游者的情感体验，不仅可以带给旅游者丰富的感受，还可以留给游客值得回忆的情节经历和情感经验。这种景观与人的内心形成共鸣，情感的触动可以使旅游景观对旅游者来说更加具有旅游价值。中国传统园林景观，特别是私家园林，与现代主题乐园相比，没有特别突出的主题性和故事性表现，靠的是造园师含蓄的意境巧思，也是旅游景观设计中意趣隽永的经典案例。

通常旅游景观设计比较关注艺术性、优美感，创意旅游景观设计在优美的基础上增添了"情趣"的考虑。比如，在国内非常受欢迎的旅游景观，如磁器口、田子坊、宽窄巷子、鼓浪屿等景点，已经成为人满为患的旅游热点打卡目的地，人潮如织，这些新旧景观靠的就是不断增加和改变的景观设计创意，使游人自己发掘可观可赏有滋有味之处。

对旅游景观的情趣性、氛围感的设计，属于创意旅游景观中较为抽象、困难的设计层次，但是创意旅游景观设计中必须去打磨、突破的一点。甚至可以说，与文化性、主题性和故事性相比较，情趣性和氛围感的设计是评价旅游景观是否有"创意"的更高指标。

四、符号性

旅游景观设计本身就是一种大众传播方式。旅游景观面向大众，凝聚着设计者的立意、构想和巧思，代表了设计者和旅游者对美好生活的愿景，而且旅游景观的传播具有跨越时间和空间的能力。不管旅游景观是否向大众收费，一旦建成，它就会长期存在，会影响几代人，甚至存在成百上千年。很多旅游景观本身就是经过几代人，甚至几百年的时间形成的，如杭州西湖景观等。而且从古至今，不论是古代的文人墨客还是今天的旅游视频分享者，或借用印刷时代的书籍纸张，或借用信息时代的电脑手机，将自己的旅游感受记录下来、并传播开去。我们可以从多种渠道了解旅游目的地的交通、住宿和美食，特别是旅游目的地景观如何、可游性如何……旅游者或潜在旅游者对旅游目的地旅游景观的了解完全来自对各种符号的感受和体验，不论是文化展示、艺术创作，还是功能提示，都由各种符号的排列和组合呈现给游客。

通过旅游景观的设计，使旅游景观成为一种传递信息和表达意义的媒介，在旅游景观设计师与旅游受众之间架起有效沟通的桥梁，以实现创意的传播、符号的共享，使创意设计真正为旅游者接受、并获得成功。这一切都要求符号必须具有广泛的、具体可感的识别性。

"创意"本身虽然是需要高度智能的词语，但创意旅游景观设计的总体目标并不是面对少数精英群体的，而是面向不同层次的广大的旅游者，这里的"不同层次"包括不同的国籍、民族、年龄、性别、知识水平、旅游功能需求等。如前所述，创意旅游景观并不是针对少数具有专业文化、小众品位和精英品位的群体设计的，而是要满足大众需求的、层次多样、旅游消费者普遍可接受的文化形态。从这一方面考虑，围绕旅游景观进行的创意设计也需要具有丰富多样的符号特征。

创意旅游景观设计的符号性是以视觉为优先考虑因素的。从旅游的"观光""休闲""休憩""体验"等发展态势来看，在设计中我们还应加入对听觉、触觉等其他感官的综合设计。通过各种具体可感的、可被体验的符号性特征的营造，一个个迥异于日常生活的、充满创意的旅游景观才能为游客展现出旅游世界的美妙神奇。

第三章　创意旅游景观设计的研究背景

本章为创意旅游景观设计的研究背景，分别从文化产业与创意旅游景观设计、传播学与创意旅游景观设计、心理学与创意旅游景观设计、设计学与创意旅游景观设计四个方面进行阐述。

第一节　文化产业与创意旅游景观设计

一、文化产业的概念

文化产业（cultural industry）这个概念，起源于德国法兰克福学派对"大众文化"的批判，认为其被资本控制，并被资本工具复制和传播。但文化产业在批判中迅速发展，在世界范围内成为一种不断自我更新和优化的、不可遏制的时代潮流。

目前，世界各国对文化产业的行业界定和分类标准没有达成统一，各个国家和地区大都沿用各自的传统来指称"文化产业"。例如，欧盟、日本称为"内容产业"，英国、澳大利亚、新西兰、新加坡等原英联邦国家称为"创意产业"，美国称为"娱乐产业"或"版权产业"，韩国称为"文化产业"。

联合国教科文组织对文化产业的界定是："文化产业是按照工业标准生产、再生产、存储，以及分配文化产品和服务的一系列活动，采取经济战略，其目标是追求经济利益而不是单纯为了促进文化发展。"

结合联合国教科文组织的界定，文化产业，就是按照工业化标准生产、储存、分配和消费文化产品或者文化服务，以满足人们的精神需求为基本目的的产业活动的总称。文化产业不是指一个单一的产业，而是指一个产业族群，它包括图书、杂志、报纸、广播、电影、电视、音乐、游戏、会展、博彩、互联网与手机中的新闻娱乐、主题公园、文化旅游、文艺演出、广告、艺术设计、古玩艺术交易、明星经纪、娱乐竞技体育、玩具、工艺美术、文化艺术、信息等与文化娱乐相关的产业。

文化产业与"文化经济""创意产业""内容产业""版权产业""体验产业""休闲产业""注意力经济"等概念有着密切关联，又有着各自不同侧重的切入角度。

从文化产业本身来说，文化产业是以内容创意生产为最主要价值，在内容的基础上延展形成自身产业的。

二、创意与文化产业

创意，或者说文化创意，是文化产业领域的生产活动，而且它涉及全行业的生产活动。换句话说，文化产业领域的各个行业中都存在以文化创意的方式生产和再生产文化产品和服务的活动。

文化与创意的结合赋予了旅游景观新的生命，为游客提供旅游体验的精神享受和文化意义。在经济与文化日益趋于融合的时代，人们的需求逐渐由以旅游功能为主，向以旅游体验为主过渡。旅游者的体验包含审美、娱乐、教育、自我实现等要素，它可以具体表现为两个方面：一个是能够通过自身或借助其他手段对消费者的消费能力、倾向和习惯进行分析和预测，生产出符合市场需求的文化产品和服务；另一个是产品内容和设计思想以及服务方式符合感知的特点，能够满足人们娱乐、信息交流、情感慰藉、提升自我的精神需要。比如，主题乐园、海洋世界、文化科技展览场馆等旅游景观，特别是以迪士尼为代表的主题公园创造了一个无所不包的奇妙世界，为旅游者提供了一个可以暂时逃离现实世界的机会，并使游客浑然忘我、流连忘返。

文化产业主要通过创意满足消费者的心理需求。文化产业的竞争力归根结底来源于企业为客户创造的超过其所付出成本的获得价值。消费者的心理需求是什么，消费者的生活方式发生了和正在发生着怎样的变化，消费者需要什么样的个性化服务，如何增强消费者对所选择的文化产业项目或品牌的忠诚度与服务的长期化等，形形色色消费者的心理需求是什么，这些都是文化产业的创意者需要关心的问题。文化产业如果没有把握好市场需求，缺乏对消费者体验价值衡量标准的足够关注，即使创意再美妙，技术再先进，也不可能获得消费者的认可。创造消费者的体验、实现消费者心理预期是文化产业项目成功基础，只有为消费者充分地创造良好体验，才能在市场竞争中获得生存和发展。一个文化企业、项目或品牌竞争力的强弱，关键取决于它们是否有能力不断开发出适合顾客体验的产品和服务，是否不断为顾客创造体验价值。

从文化产业的发展趋势看，文化产业以娱乐创新为主要驱动力，必须体现娱乐性、参与性、体验性和时尚性等特征要素。从消费者变动的情况分析，文化产业的产品或服务的主要消费者是四十五岁以下的中年人和青少年，因而文化产业主要是青春型的、娱乐性的、前沿性的产业。因此，仅仅靠打造具有简单粗浅的文化象征意味的传统文化复兴景观，如历史名人雕塑、城市历史景观复制再现、文化节或祭祀活动等，无法满足和吸引文化产业的主要消费群体，也就不能形成规模效益。

文化产业需要创意，但并不是有创意就有文化产业。文化产业每天都在诞生无数个创意，同时也有无数个创意消亡。文化产业所需要的创意，不是闭门造车的创意，而是纵横古今、捭阖自如、放眼世界、放眼未来的创意；同时，文化产业需要的创意并不仅仅针对企业或消费者个体，而是对群体、群落产生整体积极影响的智性工作。而且，富有灵感的创意还需要诸如技术能力、市场运营等方面的共同参与才能实现。

三、创意连接文化产业与旅游景观设计

旅游具有经济学的外壳和文化学内涵，文化是旅游的实质或目的。游客对旅游景观的要求越来越突出，旅游景观的重要性也越来越突出。游客需要的不是资源，是产品，而景观是旅游产品很重要的一个表现形式和主体。那么可以将文化和经济产品有效融合的手段就是文化产业了。

文化产业包含文化创意、体验价值、规模生产三个有机构成要素，这体现了产业价值形成以及增值的过程。旅游景观需要通过文化创意的形式去增加旅游景观的文化吸引力、影响力和经济附加值，最终实现旅游产业的升级和增值。

旅游景观的创意与当地文化有密切关系，不论自然景观还是人文景观都离不开对当地文化的吸收和借鉴，只有充分开发地域文化资源，将当地历史文脉重新与现代技术、表现手段等有机结合，才能塑造出足够吸引游客的旅游景观创意特色和形象。同时，旅游景观的创意设计还需要兼顾地域文化艺术展示和现代旅游休闲度假功能结合。成都、苏州等地区都为我们提供了相当优秀的创意旅游景观设计范例，它们都以当地历史悠久、具有传统特色的地域文化和时尚前卫多元的国际文化兼容为特色。成都的宽窄巷子、太古里等旅游景观体现了蜀文化与现代

商业和休闲旅游的有机结合；苏州太湖国家旅游度假区集中展示了当地的吴文化和现代休闲文化的有机结合。不论成都还是苏州的旅游景观，都将地域特色历史文化和现代休闲度假文化两部分通过创意设计无缝交融在一起，兼具对地方文化特色的充分尊重和展示，又满足了国内外旅游者对文化创意、休闲旅游等目标的需求。

在目前的旅游景观规划设计中，各级政府、设计机构等在规划设计之初也会注意到当地历史文化与旅游景观的结合，但是由于缺乏有效的创意设计，或缺乏将地域文化与旅游景观有效结合的手段，使旅游者在实际接触旅游景观时往往无法在景观中注意到当地文化的特征，无法与设计者形成共鸣。目前大多数旅游景观最终树立出的旅游形象缺乏创新、缺乏特色，文化底蕴表现不足；而且经过开发建设，往往还破坏了旅游地的原生环境和历史文化传统。除了少数国内知名的旅游城市或旅游景区，绝大多数的旅游景观，大到宾馆饭店、娱乐设施，小到路边指示牌、垃圾箱都如出一辙，没有艺术审美、没有个性特征。旅游景观要在旅游者心目中留下深刻印象，最重要的前提条件就是找到旅游地的独特性。每一个城市或地区都有其自然和文化的历史进程，两者相适应形成了地方特色与地方文脉，也就是地域文化。对旅游景观设计来说，就是在规划设计中突出这种地域文化在旅游景观实践中的应用。从众多旅游景观发展轨迹和成功案例中可以看出，越是民族化、个性化、区域化的旅游景观，往往越具有世界意义，越具有强大的吸引力，越具有长远的生命力。

总之，文化是旅游的灵魂，也必然是旅游景观的灵魂。古人说："游山如读诗""游山如读史"，旅游就是"读天地之大书"。特别是在今天，随着人们对精神、科学文化需求的提高，观赏大自然美景、游览珍贵历史文化瑰宝、获得生动的自然知识和人文知识为主的文化旅游成为时代的风尚。因此，地域文化主题成为旅游业新的增长点和新的价值取向。对旅游地的文化内涵特色的保护与开发，是旅游景观可持续发展的前提。

我国幅员辽阔、民族众多、地理和气候差异明显，我国的俗语"十里不同风，百里不同俗"，就是阐释不同地域的聚居环境孕育出不同的地域文化，那么为何我们的旅游景观还经常出现设计缺乏独特性、个性化的问题呢？关键就在于缺乏创意设计。要创造出特色度假区旅游文化，就要充分挖掘和利用地域文化的独特性，以创意设计为突破口。从我国旅游景观设计以往的发展状况来看，过去一直强调以自然景观为规划主体，忽略了人文景观的设计应用，而且不论自然和人文景观都缺乏创意设计和表现。

从旅游者的角度来说，他们在旅游景观中付出了时间和金钱，收获的应该是从身体到心理、心灵方面的享受。旅游者的旅游活动除了满足其基本的观光、休养等的需求，还有了解当地的民俗、历史等人文新知的需求，更高级的需求是在旅游景观中获得心理实现和人生境界的升华。以上这些旅游者对旅游景观的期望都需要"创意"将旅游景观与文化或文化产业有机联系在一起。

第二节　传播学与创意旅游景观设计

一、"传播"的含义和特点

谈到"传播"，有些读者会觉得这个词语相当熟悉，它是与新闻和大众传播事业紧密相关的词语，经常出现在各种媒体报端；很多读者又会觉得它稍显陌生，特别是景观设计或环境设计相关专业的学生，几乎没有在课程中认识到与之有关的理论，但其他姊妹学科，如视觉传达设计已经将"传播"纳入学科或课程体系当中，认为视觉传达与传播有着密切的关系。我们先来了解一下它的含义。

传播学中重要的概念"传播"，来自英文中的"communication"，它的含义很多，主要有通信、传达、交流、交往、传染、交通等。19世纪末，这个单词成为日常用语。作为舶来品，它在20世纪80年代前后进入中国。对于"communication"这样有着丰富含义的单词进行翻译有一定难度，最后以"传播"与之相对应。

《辞海》（2000年1月第1版）中，有了"传播"的词条，有两层意思：（1）即传布。如传播消息。（2）在传播学中，指人与人之间通过符号传递信息、观念、态度、感情，以此实现信息共享和互换的过程。

关于"传播"的第一层意思，据方汉奇教授考证，传播一词最早在我国出现在 1400 年前，《北史·突厥传》中提到"传播中外，咸使知闻"。这里的传播就有"传布"的意思。[①]

"传播"的第二层含义特别强调传播是人与人之间进行的一种信息共享和交换行为。其实"传播"不论是"传布""传达""交流"等解释，它的各种定义具有一个本质共同点：都存在"传"与"收"的行为，"传"与"收"的对象是信息，其实，"传播"就是对信息的输送。总体而言，作为传播学的最基本概念的"传播"，其主要含义是：精神内容的传播。

一万五千年前，法国西南部地区的人类祖先，在拉斯科洞窟里或刻或画下两千多幅动物为主角的图画。它们曾经被历史遗忘，直到几个孩童偶然间发现了这座被称为"史前卢浮宫"的巨大画廊。这座洞窟里大多数画作是动态的，比如很有名的一幅：一头被长矛刺穿肚腹的公牛把一个戴鸟头伪装的人撞飞，这个不幸的原始人遗留下一根同样带鸟头装饰的手杖。这幅画很可能是要告诉后人怎样在猎杀公牛的时候抓住其弱点，同时也要小心它的尖角，毕竟巫术也会在尖角面前失效。拉斯科洞窟壁画的发现对研究史前艺术和史前人类的意识有十分重大的意义，毕竟在生产力低下的石器时代，人类祖先举着火把在漆黑的洞穴中用有颜色的矿石磨成粉末在并不适合绘画的岩壁上进行艰苦的工作，肯定抱着十分庄严的目的。今天的游客已经不能随意进入这座洞窟，可即使浏览其照片，我们也会对人类祖先的创造力叹为观止。

西周晚期的大克鼎上的青铜铭文以赞美之词开场："端庄美哉、文采斐然的我的祖父，冲和谦让的心胸、淡泊宁静的神思、清纯智慧的德性（穆朕文且师华父，匆襄氒心，宁静于猷，淑哲氒德）。"它的铭文使我们知道，西周时期的一个叫"克"的贵族，接受了周天子的官职任命，这个官职是他的先祖辅佐周天子开国建立的功勋世袭给子孙的，所以他铸造此鼎感念天子的恩德、祖先的功绩。体现了当时的贵族"藏礼于器"的思想。今天的大克鼎是游客参观上海博物馆必然会打卡的镇馆之宝，时光悠悠逝去，很多游人依然会与克一样，为"子子孙孙永宝用"的祈愿感动不已。

---

① 张国良.传播学原理 [M].上海：复旦大学出版社，2012.

在把握传播的定义时，我们还要注意人类社会传播的如下特点：

（1）社会传播是一种信息共享活动。

（2）社会传播是在一定社会关系中进行的，又是一定社会关系的体现。

（3）从传播的社会关系性而言，它又是一种双向的社会互动行为。这就是说，信息的传递总是在传播者和传播对象之间进行的。

（4）传播成立的重要前提之一，是传授双方必须有共通的意义空间。

（5）传播是一种行为，是一种过程，也是一种系统。

综上所述，"传播"一词不仅仅是一个名词，更是一个动词，强调动作的过程。"传播"，实际上是一种社会互动行为，超越了时间和空间，人们可以通过传播保持着相互影响、相互作用的关系。

二、传播学简介

（一）发展历史

20世纪的美国首先兴起了以新闻性传播为研究对象的新闻学，不久之后，新闻事业转变为大众传播事业。在此背景下，新闻学也演变成了大众传播学。接着大众传播学又提升为传播学。

传播学作为一门新兴学科，它虽被列为社会学范畴，但是又受到自然科学的影响，传播学本身具有跨学科的性质，具有边缘性、多学科性。传播学的理论基础中包括一是行为科学：社会学、心理学、社会心理学、政治学、宣传学、新闻学、语言学和符号学等。二是信息科学：信息论、控制论、系统论、数学、统计学等。

在这些相关学科的共同努力下，20世纪40年代传播学具有了坚定的理论基础。借用传播学开拓者施拉姆的比喻，传播学好像一块未经开垦的"绿洲"，吸引了各个学科的众多学者来此耕耘。早期传播学研究主要着眼于：传播的结构和过程研究；传播（宣传、劝服）的技巧和效果研究；传播与群体、社会关系研究；方法研究；综合研究。

20世纪50年代以后，传播学继续向前发展，日趋成熟。传播学在已有的研究基础上，研究领域扩大化、研究取向多样化，如传播制度研究、发展传播研究、媒介功能研究、受众研究、大众文化研究等。

20世纪60年代以来，以欧洲学者为主力的"批判学派"异军突起，打破了历来由美国学者执牛耳的"传统学派"（也称"经验学派""实证学派"）的一统天下，开创了传播学研究的新局面。

随着时代的发展，近年来尤为热门的两大课题是：全球（包括跨文化、国际）传播研究、信息化社会（也称新媒体或数字化传播）研究。进入21世纪，传播学已经成为最兴盛的学科之一，很多人文社会学科都借鉴引用传播学理论，甚至有传播学泛化的倾向。从一个侧面也说明了传播学的发展的迅猛和人们对传播学的重视。在当今信息化、大众传播的时代，传播学可以说是前途无量。

（二）研究对象和主要理论

传播学是一门研究社会信息系统及其运行规律的科学，社会信息系统及其运行（传播）便是它的研究对象。社会信息系统运行的技术、规律与意义均属传播学的研究范围。在传播学包罗万象的探讨中，一般认为它有四大分支：大众传播学、人际传播学、组织传播学以及网络传播学。大众传播始终居于主流。这是因为：一是传播学起源于大众传播的兴盛；二是传播学的研究大多针对大众传播的运行；三是传播学的理论主要适用于大众传播的领域。

传播学形成过程中，有四位学者对奠定传播学的理论基础、构建传播学体系框架做了突出的贡献，被称作传播学的四大先驱。他们贡献了传播学第一批的主要理论。

美国学者拉斯韦尔率先提出了关于传播结构的"5W"模式，科学分析了传播的结构和过程，还首次较为完整地划分了传播学的研究领域，为传播学的形成和发展，确立了总体结构。

"结构"，是构成一个事物整体的各个要素及其相互关系。传播作为一种社会现象，自然也有其独特的结构。对传播结构的研究是传播学研究的第一步，可以说拉斯韦尔对传播结构的研究奠定了其传播学"开山鼻祖"的地位。拉斯韦尔用"5W"线性模式将他对传播结构的研究表现了出来。

这 5 个 "W" 实际上就是传播结构和传播过程中的五个基本元素。"5W" 模式基本元素的含义和角色（如表 3-2-1 所示）。

表 3-2-1　"5W" 模式基本元素的含义和角色

元　素	含　义	角　色
Who	谁	传播者
Says What	说什么	讯息
In What channel	通过什么渠道	媒介
To Whom	对谁	接受者
with What effects	取得什么效果	效果

这 5 个 "W" 拉斯韦尔认为是线性传递的关系，即：谁（who）说什么（says what），通过什么渠道（in what channel），对谁（to whom），取得了什么效果（with what effects）。

其重大贡献有两点。首先，第一次详细、科学地分解了传播的结构和过程。"5W" 即传播结构或过程中的五个要素和环节：传者、讯息、媒介、受者、效果。它们虽是客观存在的、构成传播结构和过程的基本要素和环节，但一直没有被人们充分认识。从这个意义上说，该模式堪称 "开天辟地" 之举。从此，随着对这些要素和环节及其相互关系的认识步步深化，人们心目中原本不甚了了的传播现象，就渐渐变得清晰起来了。

其次，第一次明确界定了传播学的研究领域。即，从 5W 着眼，划分出 5 个领域：控制（传者）分析、内容（讯息）分析、媒介（渠道）分析、受众分析、效果分析。这就使后人能分门别类地将研究深入开展下去。

德国学者卢因，是一位杰出的心理学者，属于 "格式塔"（也称典型心理学）学派。该学派强调人的经验、行为的完整性，主张整体先于部分并制约部分。卢因首创了 "场论" 和 "群体动力学"，其核心观点是，强调 "群体" 对 "个体" 的影响和作用，将社会因素引入心理学研究。

卢因另一个重要的传播学理论创造，就是提出了 "把关人" 的概念。把关，就是对信息进行筛选和过滤的行为，即传播学所说的 "控制"。

拉扎斯菲尔德，原籍奥地利的美国社会学家，他提出了 "两级传播" 理论，深入探讨了传播的效果和机制。倡导将"实地调查法"作为传播学又一基本研究方法。

霍夫兰，美国社会心理学家，主持"劝服理论"研究，关注怎样传播有利于态度的变化，对传播的具体技巧进行了深入细致的总结。

特别值得一提的是，我国学者陈立丹提出了建立在马克思主义基础上的"精神交往"学说。马克思、恩格斯认为，人的交往活动与人的生产活动是等量齐观、相辅相成的。交往活动即物质交往和精神交往，构成了人类交往活动的总体。

随着传播学的不断发展，传播学理论也层出不穷，本书还将在后续章节对其他传播学理论进行进一步介绍。

三、传播学与创意旅游景观设计的关系

传播是人类社会的基本现象之一。人类个体的思考、写日记是自我传播，几个朋友结伴出行是人际传播，作为一支球队的支持者去体育场观看比赛是群体传播，作为学生代表参加学生会议是组织传播，作为观众观看喜爱的电视节目是大众传播等，我们无时无刻不处于传播状态之中。

旅游活动当然也属于传播的范畴。2018 年 12 月 13 日中午 11 点 40 分，随着一位游客从午门检票进入故宫，古老的故宫迎来了 2018 年第 1700 万位游客，创造了当时故宫游客数量的新历史纪录，而且是在当年采取了限流举措 76 天的情况下，当之无愧是世界上游客最多的博物馆之一。故宫作为世界知名的旅游景观，吸引着国内外的旅游者，它的知名度来自它是中国历史名城北京的核心、是中华文化的最重要的象征物和文化符号，国内外游客来此参观游览，感受的是中国的历史、建筑、艺术等方方面面。故宫作为旅游景观，其本身就是一个传播的媒介，每年对千万级的游客进行着关于中国近五个世纪的宫廷文化和五千年中华文化的大众传播。

传播学是工具。运用传播学，特别是大众传播理论进行旅游景观设计方面的研究，是旅游景观设计理论与实践研究的新方向。如前文所述，旅游景观本身就是传播的媒介、也是传播的符号。全球最受欢迎的主题乐园——迪士尼和环球影

城主题乐园，代表着美国近百年的动画、电影创作成就，同时也代表了美国的流行文化符号，是在全球传播美国文化的重要媒介。迪士尼和环球影城两座主题乐园落户上海和北京，不仅仅是国内游客的乐事，同时，它们的理念、运营、设计等方面影响了国内的旅游市场发展，国内旅游相关行业和部门学习它们的经验，同时也必然对传播这两个企业和品牌的文化起到了相当积极的作用。

可以说旅游活动就是一个完整的传播过程，旅游景观设计就是一种传播设计，旅游景观的设计应该考虑到整个传播过程的实现和循环。旅游景观本身就是传播符号，同时也是传播的媒介，对旅游者和旅游业本身都起着传播的作用。旅游景观本身承载着景观设计者的目标愿景，通过视觉、听觉等具体可感的符号传达信息，召唤着旅游者到旅游景观之中进行体验，旅游者就是旅游活动中的受众，他们经过在体旅景观中的游览体验，反馈旅游感受，使旅游景观设计者了解整个传播过程的效果是否达到预期、存在哪些问题。在过去，旅游作为一种传播活动反馈是非常滞后的，仅能口口相传或在书面进行文字传播，即使进入大众传播时代，对旅游景观的反馈也需要依赖报纸、杂志、广播电视等传播媒介有选择地进行，具有较大的片面性和延时性。但是在互联网时代，随着携程、途牛、马蜂窝等专业旅游网站和抖音、快手等自媒体平台的兴起和普及，对旅游景观的反馈已经变得非常简便易行，游客可以随时随地在客户端发布文字、图片和影像，来分享和评述自己旅行的见闻和感受。可以说，旅游景观设计者和旅游者已经直接形成一个完整的传播结构了，我们完全可以用传播学的各种理论来验证旅游景观设计的水平和效果。

旅游景观可以承载着旅游地的历史、文化，可以向旅游者传递信息和知识，同时也可以向旅游者传播抽象的气氛、趣味和意义。良好的旅游景观设计可以使旅游者通过一次旅程的点点滴滴充分体验到一个旅游地的时间和空间。今天的旅游发展需要适应知识经济时代、信息时代的潮流，需要设计具有更具新意、更吸引人的旅游景观，这就需要创意设计。但是创意本身有时意味着实验和冒险，完成的旅游景观是否会受游客欢迎？能否取得预期效果？一切都是未知，只有在旅游景观接受游客检验后才能得知最后的结果。可是，旅游景观的设计和施工常常需要耗费巨大的人力、物力、财力，特别是基础设施、建筑物等，如果项目失败，旅游景观会变成无法移动的"废墟"。所以，我们需要在创意旅游景观设计中借鉴传播学的理论和知识。

谈到旅游景观设计与传播学的关系，旅游景观本身也需要与游客进行信息的交流：旅游景观的功能、意义、气氛、趣味等都是信息和符号，我们可以通过设计，将创意观念传播给游客。但这仅仅是第一步。更重要的是，通过传播学理论的研究和应用，可以在规划创意阶段更好地预估设计效果，有助于旅游项目的有效发展。

第三节　心理学与创意旅游景观设计

对"创意"的研究离不开心理学。对心理学部分的研究和分析可以丰富创意旅游景观设计研究的内容，增进研究深度、扩展研究广度，使相关理论和内容能更加贴切精细。创意旅游景观设计本身就是一个跨学科研究的领域，涉及的心理学范畴也很多，如人本主义心理学、符号学和认知心理学。

一、人本主义心理学与创意旅游景观设计

美国社会心理学家、比较心理学家，人本主义心理学（Humanistic Psychology）的主要创建者之一亚伯拉罕·哈罗德·马斯洛（Abraham Harold Maslow，1908—1970），在1943年《人类激励理论》论文中所提出人类的"需要层次理论"，他把人的需求分成生理需求（Physiological needs）、安全需求（Safety needs）、爱和归属感（Love and belonging）、尊重（Esteem）和自我实现（Self-actualization）五类，依次由较低层次到较高层次排列。五种需要可以分为两级，其中生理上的需要、安全上的需要和感情上的需要都属于低一级的需要，这些需要通过外部条件就可以满足；而尊重的需要和自我实现的需要是高级需要，他们是通过内部因素才能满足的，而且一个人对尊重和自我实现的需要是无止境的。同一时期，一个人可能有几种需要，但每一时期总有一种需要占支配地位，对行为起决定作用。任何一种需要都不会因为更高层次需要的发展而消失。各层次的需要相互依赖和

重叠，高层次的需要发展后，低层次的需要仍然存在，只是对行为影响的程度大大减小。

从企业经营消费者满意（CS）战略的角度来看，每一个需求层次上的消费者对产品的要求都不一样，即不同的产品满足不同的需求层次。将营销方法建立在消费者需求的基础之上考虑，不同的需求也即产生不同的营销手段。根据马斯洛的五个需求层次理论，可以划分出五个消费者市场：

（1）生理需求：满足最低需求层次的市场，消费者只要求产品具有一般功能即可。

（2）安全需求：消费者关注产品对身体是否有不良影响。

（3）爱和归属感需求：消费者关注产品是否有助于满足自身的情感需求、是否有利于自己提升人际形象。

（4）尊重需求：消费者关注产品的象征意义，能否为自己带来尊重和与众不同。

（5）自我实现：满足消费者的自我评价，这类消费者的需求层次最高，有清晰的、非常高标准的产品定位。

随着社会的不断发展，各种旅游和消费方式更新迭代，为旅游业发展服务的各种规划设计也应该紧跟时代发展的脚步，旅游景观设计必须满足旅游者的心理需求。旅游行为能使人实现感情需要、尊重需要和自我实现需要的满足。在旅游中，旅游者的心理体验是景观设计需要考虑的一个重要方面，景观设计师如何在旅游景观设计中挖掘旅游消费者心理需求，并在旅游景观中表现出来，成为当前旅游景观设计、当然也是创意设计需要解决的迫切问题。随着社会经济形态的转变，当今社会已经进入体验经济时代，旅游消费者在旅游活动中的情感需求等心理需求与日俱增，旅游者和旅游项目的经营者都对旅游景观满足人的心理需求方面提出了更高的要求，作为现代旅游消费主力军的"80后""90后"越来越重视并强调旅游景观或服务的个性化。即便是大众旅游项目的参与者，人们的旅游消费心理也会呈现千姿百态的层次，特别是"00后"以下年龄层的旅游群体，在旅游活动中表现出浓烈的突出个性和突出自我的特征。利用人本心理学与旅游者心理研究相结合，有助于更深入地了解旅游者在旅游活动中的心理需求，将其应用到旅游景观设计中，有助于提升旅游景观的设计层次，更好地为旅游者和旅游业的发展服务。

二、符号学与创意旅游景观设计

西方学术界把符号学思想引入旅游研究领域发轫于 20 世纪 70 年代。1976 年马康纳（Mac Cannell）率先提出旅游的符号意义，第一次把符号的研究引入了旅游研究领域。在《旅游者：休闲阶层新论》一书中，Mac Cannell 从全新的角度，系统地提出了旅游吸引物的结构差异、社会功能、舞台化的真实、文化标志，以及旅游吸引物系统中的象征符号等观点。在该书的思想内容和理论框架中，Mac Cannell 的观点认为"旅游者"依附着世界各地的旅游吸引物系统，热衷于对旅游吸引物系统的符号意义进行"解码"、他们是世界各地旅游吸引物的朝圣者。他认为旅游者像阅读文学作品一样阅读着世界各地的历史和自然景观，并把这些蕴含着文化象征的景观看作符号系统。Mac Cannell 花了大量的笔墨在旅游吸引物的符号意义研究上，他提出的旅游吸引物符号系统的观点也被很多学者引用。从他所发表的诸多观点看，Mac Cannell 非常关注旅游现象中"物"的文化内涵和"人"对意义的追求。

继 Mac Cannell 之后，卡勒（Culler）（1981）发表了《旅游符号学》一文，他沿用了 Mac Cannell 的观点，对《旅游者：休闲阶层新论》一书中有关旅游吸引物的符号系统观进行了阐发和认同。他把旅游者比喻为"符号军队"，在他的观点中，旅游者追求的是不同于生活地区的异地的非寻常性，追求的是与日常生活地区不同的文化符号。他认为旅游者在旅游目的地的游览过程中主动寻找文化标志符号和旅游景观之间的联系；旅游者对寻找旅游文化符号乐在其中，而且他们可以从旅游文化符号的复制品中获得乐趣，如各种明信片、世界知名景观建筑的模型、玩具等。Culler 对大众旅游者持批判态度，认为大众旅游者的文化品位平庸俗气，大众旅游不值得称道。

最早提出把符号学方法运用到旅游研究当中的人是人类学家格拉本（Graburn），他是旅游符号学研究范式的代表人物之一。Graburn 的旅游人类学以象征符号与意义以及社会语义学的方法为中心，采取跨学科的角度，涉及诸多领域，如认知结构与动机（心理学）、消费模式（经济学）、社会分层与社会地位（社会学）、空间差异的语义内涵（人文地理）、口头及书面语言的表现（语言学）以及视觉符号的表现（艺术学）等。他认为旅游现象具有社会语义的性质，旅游现象可以对人类生活产生十分广泛的影响，并可以改变人类的生活。在对文化表征形式的分析方面，他倡导使用符号学、人类学等方法，对旅游过程中存在的各种带有文化象征性的符号（标志、图腾等）、文学作品（诗歌、故事、传说等）、形象化的艺术作品（雕刻、绘画、现代艺术、摄影等）、商业化的各种旅游纪念品、旅游者留下的各种游记文本等进行解构和分析，以期揭示其中蕴含的文化意义及其产生和变化的过程规律。Graburn 把旅游看作一种文化事物，人们可以用旅游来丰富自己的生活，同时它也被人们赋予了一定的文化内涵。他认为人们旅游的根源就在于人类有赋予自己的行为、活动以一定符号意义的倾向。因而他认为，研究旅游就是要分析它的符号内涵与文化意义。落实到具体研究中，就是要分析人们旅游的目的、旅游的不同形式存在的原因，不同的旅游体验可以为旅游者带来怎样的文化碰撞和后继影响等问题。他将旅游符号学的相关研究推动到较高的水平，他高屋建瓴地构建了旅游符号学的研究框架，在学术界产生了较为深远的影响。

以上学者不论对符号学和旅游之间的联系出于何种视角、何种态度，不能否认的是，符号学与旅游景观之间存在着非常紧密的联系。他们大多是从旅游是一种文化事业的角度来关照符号学和旅游的，从旅游景观设计的角度来看待符号学和旅游相关事物的关系，除了文化学，显然还可以兼收并蓄艺术学、传播学等学科的思想。

创意旅游景观设计中需要，也必然具有相当丰富的符号，而且旅游景观的创意设计本身是文化关切，同时也是传播关切和艺术关切，这就意味着创意旅游景观设计中的符号经常是文化性、传播性和艺术性（或审美性）兼备的。比如，知名的创意旅游城市巴塞罗那，它具有 2000 多年的历史，既是现代的国际化城市，又是高迪的城市，同时是超现实主义的魔幻城市。巴塞罗那是加泰罗尼亚文化的发祥地，同法国的文化和语言发展渊源颇深。有教会大学和加泰罗尼亚医学院等高等院校。市内多博物馆，有加泰罗尼亚艺术博物馆、毕加索博物馆、历史博物馆和自然博物馆等20余所。是西班牙第一个开办印刷所的城市，也是欧洲第一个发行报纸的城市。每年10月在此举行的巴塞罗那国际音乐节是乐坛盛会。1992年第25届奥林匹克运动会在该城举行。旧城中心有13世纪的大教堂和中世纪的宫殿和房屋。建筑大师安东尼·高迪的众多新艺术运动风格的建筑：文森之家、巴特罗公寓、米拉公寓、古埃尔公园、圣家族大教堂等，装点着巴塞罗那的城市面貌，独特的建筑艺术使这座城市充满个性。巴塞罗那数不胜数的文化艺术符号和强大的文博传播机构，使这颗"伊比利亚半岛明珠"可以在不同文化水平的旅游者面前有效传播其历史悠长、气质独特的创意景观，这些符号对旅游者产生了强有力的冲击、震撼和回味。可以说，创意旅游景观设计对符号的整理、研究和表现是其设计成功与否的关键因素。

三、认知心理学与创意旅游景观设计

广义上的认知心理学包括以皮亚杰为代表的建构主义认知心理学、心理主义心理学和信息加工心理学，狭义上就是信息加工心理学（information processing psychology），它用信息加工的观点等研究人的接受、贮存和运用信息的认知过程，包括对知觉、注意、记忆、思维和语言的研究。格式塔心理学对认知心理学产生了较大影响。格式塔心理学主要的突破性研究领域是知觉和高级心理过程，强调人类的心理是一个如同格式塔一般的构架，具有相应的、主动的心理认知原则。这些观点对认知心理学有重大影响，比如，认知心理学把知觉定义为对感觉信息的组织和解释，强调信息加工的主动性等。

认知心理学的主要代表人物有美国心理学家、计算机科学家纽厄尔（Alan Newell）和美国科学家、人工智能开创者之一的西蒙（Herbert Alexander simon）等。他们的主要理论观点有：

第一，把人脑看作类似于计算机的信息加工系统。

他们把人类大脑的信息加工系统比喻成感受器（感觉系统）、反应器（反应系统）、记忆和处理器（或控制系统）四部分。人类大脑的信息加工要经历这样的过程：环境向人的感觉系统（感受器）输入信息，信息并不是马上就可以转化为长时记忆的，在这之前必须经过大脑的控制系统将环境信息与人脑中原有的知识和经验进行符号比较、分析，然后才能转化为长时记忆；而环境中的信息可以在人的记忆系统中贮存，并成为可供提取的符号。

第二，强调人头脑中已有的知识和知识结构对人的行为和当前的认识活动有决定作用。

认知理论认为，知觉是确定人们所接受到的刺激物的意义的过程，这个过程依赖于人所掌握的知识。完整的认知过程是"定向——抽取特征——与记忆中的知识进行比较"等一系列循环过程。知识是通过图式（schema）来起作用的。图示是一种心理结构，用于表示我们对于外部世界的已经内化了的知识单元。当图示接受适合于它的外部信息就被激活。被激活的图示使人产生内部知觉期望，用来指导感觉器官有目的地搜索特殊形式的信息。

第三，强调认知过程的整体性。

现代认知心理学认为，人的认知活动是认知要素相互联系和相互作用下的统一整体，任何一种认知活动都需要其他认知活动的配合。

认知心理学的主要特点是强调知识的作用，认为知识是决定人类行为的主要因素。

创意设计需要被旅游者认知和接受才得以真正实现其设计的预期效果，所以，对认知心理学的了解和掌握在旅游景观设计研究和实践中是非常重要的。在现有的很多旅游景观中我们会发现其"创意"缺乏对旅游者认知和理解的考量。很多城市的旅游景观中雕塑会以该地区的历史文化为设计背景，如景观建筑、雕塑等，但很多外来旅游者缺乏对当地历史文化的了解，对该地旅游景观设计中的文化创意难以达成基本的认知和理解，使得景观设计表现没有达到预期的效果。可以想见，在旅游景观设计中融入认知心理学理论和实践，可以有效提升创意设计的旅游者的感知度、认知度和理解度。

第四节　设计学与创意旅游景观设计

一、设计的概念

"设计"一词是本书重要的基础概念之一。"设计"的含义非常宽泛。它的英语为"design"，其语源为拉丁语中的"designare"，含义为"用记号表达计划"。从语源来分析，"设计"最初的含义并不在于形状、颜色，而侧重于计划。

中国古代文献典籍中的"设计"也包含了类似的含义。《周礼·考工记》提到"设色之工：画、缋、钟、筐、帨"，此处"设"指的是"制图、计划"。《管子·权修》中有"一年之计，莫如树谷；十年之计，莫如树木；终身之计，莫如树人。"此处"计"字也表示"计划、考虑"的意思。

"设计"的概念产生于14到15世纪的意大利，它最初的意义是指素描、绘画等视觉上的艺术表达。文艺复兴时期的"艺术史之父"瓦萨里（Vasari）称"设计"与"创造"是"一切艺术"的父亲与母亲。他所说的"设计"指控制并合理安排视觉元素，如线条、形体、色彩、色调、质感、光线、空间等，它涵盖了艺术的表达、交流以及所有类型的结构造型。

18世纪，初版《大不列颠百科全书》（1786）对英文中"设计"（Design）的解释是：指艺术作品的线条、形状，在比例动态和审美方面的协调。在此意义上"设计"和"构成"同义。

可以看出"设计"的概念曾与美术领域有极其密切的关系。在西方开始进行轰轰烈烈的工业革命后，"设计"终于突破了美术领域，与工业生产紧密联系。工业革命促进机械化的批量大生产，这时为了适应机器批量生产的新模式，人们需要做好计划、制作样品，并确定生产工序及最终成品。"设计"的词义随着社会的发展变化而扩大了。第十五版《大不列颠百科全书》（1974）的"设计"（Design）解释是：进行某种创造时，计划、方案的展开过程，即头脑中的构思，主要指计划和方案。

设计的内涵具有极强的包容性，其中首先包含了对艺术家、设计师创造性思维的肯定。中文和西文中，"设计"一词都有设想、运筹、计划与预算的意义。指人类为实现某种特定的目的而进行的创造性活动。其实，设计就是发现问题、解决问题的过程。设计是科学和艺术之间的第三条路，设计既借鉴科学的技术手段、方法、规律，又融合艺术的造型、审美、趣味。不论外语还是汉语中的"设计"都具有丰富的语义，因此，相关学科常常在设计一词前加上限定词作为专业区分。如"艺术设计"通常作为与产品制造、环境设计、广告传播等领域相关的艺术创造和艺术表现的统称。诸葛铠在《图案设计原理》中提到"在范围与前提明确的情况下，则可以将'设计'一词作为设计艺术或艺术设计的略称"[①]。

综上所述，创造性和艺术性是我们研究创意旅游景观设计的基础。

二、环境艺术设计视角的创意旅游景观设计

一般的旅游景观规划主要从旅游管理学科为研究背景，或者将旅游景观设计与创意文化、创意城市相联系，更多偏重文化产业，而本书的创意旅游景观设计的研究背景更主要的是从艺术设计，特别是环境艺术设计的角度出发。

环境艺术设计是一门既边缘又综合的学科，它所涉的学科很广泛，主要有：建筑学、景观设计学、城市规划、人类工效学、心理学、设计美学、社会学和文化学等。

广义上的环境可以包括自然环境、人工环境和社会环境。而从设计的角度看，环境主要是指人们在现实生活中所处的各种空间场所。环境艺术就是围绕着人的各种空间场所而进行的艺术活动。人是环境艺术设计的主体，场所是环境艺术设计的对象。人与环境艺术之间形成了相互联系、相互作用、相互影响的深刻联系。环境艺术设计涉及的范围包含从宏观到微观的各种层次：大到建筑与城市，小至建筑本身的室内空间，光、色、质、绿化、陈设、湿度等微观层次，都明显地体现出整体设计、统一筹划、彼此渗透的思想。

从环境艺术设计的视角，可以从艺术审美、文化表达、主题展示、趣味氛围、系统和层次五个方面对创意旅游景观设计进行研究。

---

① 诸葛铠. 图案设计原理 [M]. 南京：江苏美术出版社，1999.

第一，创意旅游景观离不开旅游者对旅游景观艺术审美性的体验需要。创意旅游景观设计，要先设计景观的"形"——形态、外形。包括景观园区或建筑的造型、色彩、风格，这些构成了游客的直观感受，是旅游者对旅游景观的第一体验。通常，旅游景观的外形是可复制、仿造、搬迁的。但这属于创意设计的初级行为，在过去旅游者视野、文化和经济条件的限制下可以仅进行初级的创意设计，现在，随着人们生活水平的提高、眼界的开阔和审美的提升已经远远不够了。

从观赏意义上看，旅游景观是以实物材料为"墨"，以建筑工具为"笔"，以大地为"纸"，"画"出的立体的、真正可赏可游可居的"画作"，而旅游景观设计则是为"画作的绘制"制订方案。景观可看作立体的画作，设计师相当于画师，景观欣赏者相当于赏画者。旅游景观设计的目的，既为欣赏需要，也为了实用需要，环境艺术设计更注重前一个目的。这就意味着，旅游景观设计是一门艺术，需要控制并合理安排视觉元素，如线条、形状、色彩、肌理、光影等。它可以对各种艺术和设计的类型兼收并蓄。

从行为特征来看，创意设计与环境艺术设计凝聚到旅游景观设计中，就是要根据一定目标，按照艺术创造规律来创造新的景观，或完善原有的景观，使其更为理想化、典型化，使审美元素更集中、更典型、更理想；从创造意义看，它是思想、情感、情趣、文化的一种表达行为，是一种艺术创造。中国古代画论把可游可居性作为画境和意境的最高标准（郭熙《林泉高致》）。不过画作的可游可居只是虚拟的，需要观众来体验、想象，是一种感知的效果，而旅游景观设计是在大地上创造一个诗意般的、真正的可游可居的景致，而不是虚拟的画作。至于技术问题，也是设计中必须解决的问题，但是从作为欣赏的对象的设计来看，技术不是它的主要问题，技术是为艺术服务的。

明代计成《园冶》中就提到"世之兴造，专主鸠匠，独不闻'三分匠，七分主人'之谚乎？非主人也，能主之人也。"这里所说的"主人"，不是指房子的主人，而是指在园林设计中做主规划的设计师。计成强调造园师在建造园林的过程中，发挥了七成作用，那些工匠仅有三成贡献。因为一座优秀园林的落成，一定要因地制宜，布局巧妙，仅靠一般工匠是不可能做好这些工作的。即使园林的主人懂得审美，也不可能一个人设计出来，一定要请专业的园林设计师，在他们的主持下，在节约费用的情况下，完成园林建造。只要园林主人丘壑在胸，那么园林的布局建造，既能奢华，也能简朴。否则勉强建造，所有的事情交给那些木工瓦匠，势必出现园林里的水流没有回环萦绕的趣味，而园林里的石头也失去映衬接应的气魄，草木缺乏掩映藏露的形态，没有优美的山水，园林主人怎么会领略到"日涉成趣"的美好呢？

创意旅游景观设计需要环境艺术设计的视觉，也是因为在充分考虑人、社会文化、历史因素的背景下，有必要深刻理解旅游景区的自然环境的结构、机能、场所的内涵及相互联系。其核心概念是"相互尊重"，理解旅游景观设计是自然与文化的对话，是伴随时间进程的不断的交流与反馈；理解旅游景观设计是自然与文化的相互辅助；理解旅游景观设计是对旅游地复杂生态系统的优化调节，以综合手段承担和处理人与环境的协调工作；理解旅游景观设计，是结合功能需要与自然象征意义的多目标整体环境设计；理解旅游景观设计，是对旅游地景观资源的永续维护与利用，不仅从空间上而且从时间上规划人类的生存环境。

第二，在创意旅游景观的设计中，我们还要考虑到景观的文化趣味性。如果说艺术审美性是旅游景观的"形"，那么文化趣味性就是旅游景观的"意"。这个"意"一方面是旅游景观的文化内涵和意蕴，另一方面是旅游景观的创意和趣味。旅游景观中文化内容的缺失，其实主要就是"意"的缺失。旅游景观的意是无形的，是凝聚在景观内的一种文化意识。旅游景观的"意"是游客需求的焦点，是发展旅游的核心灵魂。在旅游景观中不能仅有"形"，还要有"意"，这样的旅游景观才是形神兼备的，才能真正有生命力。我们可以发现，最受旅游者青睐的旅游目的地，如北京、巴黎、京都、罗马等，通常都是名扬四海、广受赞誉的历史文化名城。它们既有丰富的艺术、建筑，其旅游景观更具有深厚的历史底蕴。

第三，在创意旅游景观的设计中，要塑造景观的主题或品牌，并进行有效传达和展示。美国的奥兰多、拉斯维加斯，中国的上海、广州等城市以旅游景观高水平的主题、品牌同样吸引着千千万万的游客。在这些具有可靠品牌、经典主题的旅游城市中，奥兰多梦幻的迪士尼主题乐园、拉斯维加斯炫目的主题酒店、上海独具个性的海派文化打造出的繁华"魔都"。"羊城"广州作为中国南大门展现出的时尚和包容等，其旅游景观中的创意、奇特都提供给游客更多具有新鲜感、憧憬感、品质感的心理体验。

第四，在创意旅游景观设计中，还要营造旅游景观的趣味和氛围。著名的建筑学家童寯先生在评价中国古典园林时说过"情趣在此之重要，远甚技巧与方法"。① 中国古典园林的诗意、浪漫、梦幻，都是靠情趣营造的。这种情趣是现实之中的虚幻梦境、臆造出的浓缩世界，是虚拟的童话王国。创意旅游景观，如主题乐园、品牌旅游城市或旅游景区，无不为旅游者提供与日常生活截然不同的、充满趣味的梦幻环境，将旅游者引导到遥远、神秘的境界之中；或者将旅游者带入一种超越时空的环境氛围中，带给游客沉浸式的忘我体验。

童寯先生还有一句名言，他认为"中国园林必不见有边界分明、修建齐整之草坪，因其仅对奶牛颇具诱惑，实难打动人类心智"。② 中国古代园林景观无须大的面积，仅仅靠建筑安排的疏密错落已经足够吸引人。旅游景观也是一样，它不仅仅是视觉对象，更是身体和心灵的体验。虽然在旅游景观中旅游者仅仅短暂停留，但通过设计，使这短暂的停留变得有趣有味，深感不虚此行甚至流连忘返。

第五，在创意旅游景观的设计中，我们还要考虑到旅游景观的系统性和层次性。旅游者对旅游目的地的感知和体验是借助对目的地各要素的感知所形成的整体认知。这就决定了对旅游景观的设计应该是在宏观视野下展开的具有整体性和系统性的设计。系统性的旅游景观设计包括旅游吸引物、进入通道（当地交通、交通站点）、接待设施与服务（住宿、餐饮、娱乐、购物等设施）、旅游公共服务标识（各种类型的地方组织或机构所提供的旅游服务设施和标识设计）和文化因素这五方面的景观要素。

（1）旅游吸引物。旅游吸引物是指自然界和人类社会中能对游客产生吸引的各种事物和因素。在旅游者对目的地要素的感知中，对旅游吸引物的感知最为直接，也最为重要。因为旅游吸引物是吸引旅游者前往目的地开展旅游活动的首要因素，因而也是旅游者自觉或不自觉地最关心的要素。此外，不少传统上并不

---

① 童寯. 东南园墅 [M]. 长沙：湖南美术出版社，2018.
② 童寯. 东南园墅 [M]. 长沙：湖南美术出版社，2018.

被认为是旅游吸引物的因素，也逐渐获得旅游吸引物的功能，转化为旅游吸引物，如旅游地标志性的交通工具——伦敦的双层巴士、西雅图的渡轮等。

（2）进入通道。旅游者对旅游地的进入通道——如机场、火车站、码头等的体验就是游客对旅游目的地第一印象，这些场所应极力突出地域特色，让游客留下美好的第一印象。

（3）接待设施与服务。目的地的接待设施包括住宿、餐饮、娱乐、购物设施等。随着旅游者日渐追求享乐、舒适，接待设施与服务在旅游者感知中的重要性也日渐凸显。一流的旅游目的地或旅游城市往往都汇集着一流的度假酒店、装潢别致、食物可口的餐厅等。

（4）旅游公共服务标识。目的地的各种标识系统、游客接待中心等都是目的地旅游管理和商业部门必须提供的公共产品。这些旅游公共服务的供给将大大地优化旅游者对目的地的感知及评价。

（5）文化因素。文化因素是指旅游目的地整体的社会文化环境与文化物质载体，包括目的地的历史遗存、地域文脉、民俗风物等。目的地的文化因素对旅游者的目的地形象感知的影响作用越来越凸显。

这五个方面的景观要素相互关联，尤其是在旅游者的旅游感受和体验中，这些景观要素是一个整体，不可分离。

另外，在创意旅游景观设计中要注意，针对游客不同的旅游需要提供具有丰富层次性的旅游景观。我国长期以来在旅游景观的基本功能——景观环境，即以传统的旅游六要素"吃、住、行、游、购、娱"为设计的重点。此层次的要求乃是人类活动的基本需要，是第一类需要。

当旅游者的基本功能要求满足后，便会有更高层次的追求。通过设计，我们要赋予旅游景观以丰富体验层次。除了外形美、文化新，旅游者还要求旅游景观能提供强大的功能，这种功能不仅是物质功能，还包括心理、情感上的功能。这就要求旅游景观设计能够合理、可行、科学地体现出服务性、参与性、互动性和情感性。能够发现存在的旅游者体验方面的不足，并不断地改进。

就环境艺术设计而言，要求设计过的环境能使人产生愉悦感的高质量感官信息，形成可视性优良的景观环境。当然，听觉、嗅觉和触觉等也相应地接受特定信息，但和视觉接受相比较，视觉是诸多感觉中最为敏锐、最为准确、接受信息量最大的，因此，强调景观环境的设计，首先是美的视觉形式的设计，还要求光色环境、声环境的配合，甚至要求控制温度变化、增添香味，以创造不同环境下的特殊氛围。

第四章 创意旅游景观设计的价值认识

创意旅游景观设计有其内在的规律可循，其表现出的价值也是十分有意义的。

本章为创意旅游景观设计的价值认识，主要从两个方面进行阐述，分别是旅游景观设计的层次、旅游景观设计的价值认识。

第一节　旅游景观设计的层次

一、自然风景得天独厚

自然界中的山川、峡谷、河流、大海等山山水水，是构成景观的最基本的要素，一直与人类深刻地相互影响。自人类诞生以来，就对自然界的山、水有着依赖和崇拜，形成了人心理上对自然山水的带有趋向性的认识，如恐惧、崇拜等感觉和认知，形成人类心中牢固的山水观念。这些自然形成的天然风景是人类第一批追寻、游赏的旅游景观。人类最早的旅游活动就是从欣赏自然风景开始的。

自然景观，是指自然因素作用下所形成的、未受到人类直接影响的景物构成的景象。由于它非人工所为，所以散发着自然的气息，具有自然之趣味。大自然不仅提供了人类生存所需的物质资源，而且创造了多种多样的可供人类欣赏的精神财富。例如，奔腾的河流、浩瀚的大海、巍然的高山、广袤的沙漠、茂密的丛林、宽广的草原、奇异的石林等，都是大自然创造的美景。

自然景观类型复杂多样，如果按组合方式分类，大尺度景观分类的规律性比较强，中小尺度景观分类就比较复杂。地理学对大尺度陆地景观进行了分区分类，其划分依据为成因与结构特点。成因包括纬度、海陆位置、气压带、地形、洋流因素。比如按气候分，自然景观可分为：热带、亚热带、温带、寒带、高海拔；按植被类型可分为：雨林、季雨林、草原、阔叶林、针叶林、苔藓、荒漠等。这些不同类型的景观景色、物产等各有特色风姿，对景观设计和欣赏有重要意义。自然景观中还包括：海洋自然景观，包括海面和海底；天空自然景观，可分为气象景观和天象景观。

自然景观中有一种是未受到人类影响的、纯天然的，或人类影响较轻微的，如山川、森林、海岛等；还有一种是经过人类改造加工过的，但经过较科学周密的规划，对原有天然的自然景观进行保护和管理，如国内外的国家公园、自然风景名胜区等旅游景观，依旧充分保留了自然属性，仍属于自然景观。

对自然山水的欣赏自古有之，中西方最早的旅游景观都是得天独厚的自然景观。自然景观能够给人以美学意义的主观感受，即由人对自然的崇拜与归属感，产生了对自然山水景观的亲近与美感。我国古代哲学思想中经常以自然比喻人的思想情操，如儒家"山水比德"的思想，正所谓"仁者乐山，智者乐水"。西方哲人也曾经登临高山或大海，感慨"崇高"和"壮美"。古今中外的游人们，在自然山水中徜徉、徘徊，除了对美好风景的欣赏，还有一份心理情感的畅想和寄托。人与自然山水共生共荣，对自然景观的热爱是人的本能选择。

选择得天独厚的自然风景作为旅游景观是人的本能和天性，在原始社会晚期，人们已经选择在风景优美的山林水泽旁生活和游乐。最早的旅游景观就是人们将自然景观进行人工的维护或经营治理而成的，如"囿""圃"等都是来自自然山川河流的天然园林景观。最受旅游者欢迎的中外著名旅游景观中，自然景观占有相当大的比重。除了通常是森林、湖泊、山川、海湾，人们对自然景观的游览探奇还深入到冰原、火山、洞穴、峡谷、瀑布和珊瑚礁。只要人类足迹可达之处，只要风景奇特可观，那么这些风景都会成为旅游者的观赏游览对象。

通常来说，自然景观的人为干预程度是所有旅游景观设计层次中最小的；但是，自然景观也需要人们的开发和维护。比如，泰山、黄山、庐山等自然景观，当然离不开自古以来当地居民、僧侣、修士、工匠们的不断探索、修葺、开发等行为，才能使历代的旅游者实现在最佳旅游路线上攀登游览。而且，自然景观中栏杆、阶梯、亭台等人工设施的修建，也为自然景观增加了必要的安全保障、功能服务和景观点缀，成为自然景观中的重要组成部分。

二、人文景观精妙独特

人文景观，也称为文化景观，它是由人类活动或包含其信息的物体所构成的景象。"人文"简单的理解就是人类社会的各种文化现象，人文景观本身是人类活动历史的见证者，也是人类思想文化的物质载体。因此无论是有意创造的还是无意创造的，无论是古代的还是现代的，也无论是创造还是改造的实物，只要留有人类活动的迹象，并具有观赏价值的有形事物，都可以称为人文景观，如城市、村镇、桥梁、民居等。人文景观具有明显的地域性和民族性，如园林、建筑、古战场、田园、道路等。人文景观所能传达的信息包括人类赋予的审美信息、文化信息和情感信息。通过欣赏人文景观能体验到人间真、善、美的统一，不再有自然景观的那种"原生态"的感受。从审美意义上看，人文旅游景观包含社会美、艺术美、科学美、技术美等多种美的形态。

今天的旅游景观中，有相当大的一部分属于人文景观。截至 2021 年 7 月 25日，被联合国教科文组织和世界遗产委员会确认的世界遗产，总数达 1122 项，分布在世界 167 个国家，世界文化与自然双重遗产 39 项，世界自然遗产 213 项，世界文化遗产 869 项。这些世界文化遗产都是颇受欢迎的旅游景观，吸引着全世界旅游者的脚步和目光。世界文化遗产是全人类公认的具有突出意义和普遍价值的文物古迹，是世界各国、各地区的历史文化记忆，是文明遗留的典范和人类创造力的杰作。这些世界文化遗产（也就是人文景观）广受全世界旅游者的喜爱，最主要的原因就是它们代表了人类文明的成就，是人类文化的结晶。

世界文化遗产较多的国家确实都是最吸引旅游者的国家。从 2000 年以来的一系列统计数据来看，全世界接受外国游客最多的国家排行榜上，法国、西班牙、美国、中国、意大利等几个国家一直稳居前列，这些国家都拥有丰富的文化景观。特别是法国，能够成为全世界最吸引游客的国家，长期在接受外国旅游者的榜单上排名第一，当然有许多受旅游者青睐的原因，最主要的原因之一就是它拥有世界一流的人文景观——艺术之都、博物馆之都、图书之都等，每一个头衔都足够闪亮。

文化是决定人文景观性质的根本因素，文化的类型决定着景观的类型与特征，尤其是思想文化、观念文化是人文景观形成的核心要素，有什么样的文化就有什么样的人文景观。而世界各国各地区的文化是丰富多彩的，它们的人文景观也是独特性与多样性兼备、具有强烈的冲击性和震撼力的。在全世界各地的人文景观中，凝聚着国家、地区和民族的物质文明和精神文明的精华。

很多自然景观中因为人的开发、利用或游览等活动而衍生出了人文景观，从而具有自然和人文景观复合的特点。在中国，复合景观的设计常常遵循着"师法造化"的理念，人造景观与自然景观很好地融合在一起，形成了人文与自然协调统一的景观。比如，泰山、黄山是世界自然和文化双重遗产；庐山因为其集教育名山、文化名山等于一体被确定为世界文化遗产；杭州西湖景观，是始于自然、得于人工的典型案例。这些国内的知名旅游景观得益于一代代文化的建设、开发和影响，其璀璨的人文和优美的自然紧密结合，使其旅游影响力成倍增长，从古至今一直不断吸引着海内外的游人。

三、历史景观的再现

一些具有深厚历史积淀的城市或地区，因为过去没有注意保护自身的历史文化资源，将原有的建筑、设施等历史遗迹进行了大面积的拆除和新建，或由于地震、火灾等严重自然灾害和战争等人为因素破坏，使原有的历史景观遭受毁灭，甚至荡然无存。在 20 世纪全球的反帝国主义、反殖民主义、民族主义意识提升等运动影响下，很多国家和地区的有识之士开始反思"文化全球化""文化殖民主义"等思潮对各国各区域各民族保持自身文化独立性的影响。而且，在 20 世纪下半叶，越来越多的学者开始批评"千城一面"的全球城市建设问题，人们开始认识到现代主义、国际主义影响下千篇一律的城市和景观，抹去了各国各地原有的历史文脉，给各国各地区各民族的文化发展带来了极大的不利因素。另外，从经济发展的角度，很多学者和投资者开始意识到历史文化景观对服务业、旅游业等产生发展的巨大影响和推动作用。所以，全世界范围内的很多城市、地区都在有条件的情况下，或为了恢复历史面貌、继承历史资源、传播地方文化，或为了促进地方经济发展，进行了各种历史景观的再现尝试，有很多努力都获得了巨大的成功。

雅典卫城（Acropolis），是希腊最杰出的古建筑群之一，是综合性的公共建筑。雅典卫城面积约有 3 万平方米，其东西长约 280 米，南北最宽约 130 米，位于雅典市中心的卫城山丘上，始建于公元前 580 年，希波战争时毁于战火。我们今天看到的雅典卫城遗迹是为庆祝第二次希波战争的胜利而重新修建的，从公元前 480 年开始，一直建设了 40 年，用大理石和精美的雕塑将卫城整建一新，其中的帕特农神庙、依瑞特提翁神庙等建筑都是古希腊建筑的精品。这一时期是古希腊的古典时期，也是古希腊历史上的黄金时期，雅典卫城是古希腊人精神、理想和审美追求的最高体现，是今天的我们了解古希腊历史和文化的重要文物。但是，由于战争破坏、宗教倾轧、殖民掠夺、自然灾害等原因，雅典卫城在两千多年的漫长岁月中屡遭侵袭和损毁，从1970年以来，希腊政府投入了大量的人力物力开展了连续不断的维修和复原工作。在对雅典卫城的修复工作中，有两派声音：一派主张"翻新重建"，此派认为卫城的大多数古迹都太过老旧且遭到了严重破坏，无法完全修复，而且恢复和维护的成本非常高。重建既可以恢复卫城部分建筑的原始面貌，也可以节省时间和开支；另一派主张"修旧如旧"，以来自牛津、达勒姆和布朗大学的学者为代表，联合呼吁将抵制"雅典考古、艺术宝藏贬值、被掩盖和退化"的翻新项目，因为翻新会改变历史悠久的雅典卫城遗址的"正确外观"，而且"与国际上公认的有关保存和保护文物的原则背道而驰"。总体而言，雅典卫城的历史遗迹是处于"修旧如旧"的进程中，虽然困难重重且进展缓慢，但确实在建筑风格、材料和艺术细节上高度保持了原貌。特别值得一提的是今天的雅典城市风貌与卫城极其协调，可以说现代城市与古代文化遗产完美融合，从城市任何一处都可以远望到卫城建筑群，雅典卫城就是现代城市的有机体，并在今天的雅典城中发挥着它独特而又重要的作用。

我们在此申明，历史景观的"再现"不等于简单地翻新和重建。如刚才谈到的雅典卫城等历史遗迹，按古迹原样修复的难度实际上远远高于重建。因为历史古迹的艺术风格、建筑材料、施工工艺等都与现代景观建筑相去甚远，每一种艺术与技术的内涵和指标等都需要相当水平的专家学者和施工团队进行缜密的研究和实施。如果不当操作，不但不能对历史景观起到"保护""修护"的作用，甚至会造成破坏，对古建筑的修缮与复建，流行如下三种错误的模式：

因为建筑景观的修建涉及大量的人力物力，而且会对周边环境造成不可恢复的改变，很多专家学者认为：消失的古建筑没必要复建，如果一定要复建的话，须使用传统工艺；特别是不能破坏真古迹，建出"假古迹"，是"古建筑修缮"的基本原则。

至于"古建筑复建"，有关古建筑保护的国际公约《威尼斯宪章》（1964年）中有明确规定："对任何重建都应事先予以制止，只允许重修，也就是说，把现存但已解体的部分重新组合。"1992 年中国颁布了《文物保护法》，在其实施细则中，也明文规定，除特殊需要外，"纪念建筑物、古建筑等文物已经全部毁坏的，不得重新修建"。近几十年，各地热衷于复建、新建古建筑，主要是地方政府出于拉动旅游、提高 GDP 的需要。很多有识之士，特别是长期从事古建筑修复工作的学者都曾经公开批评这种行为，认为翻新古建筑是一种毫无意义、并非常极端的浪费。

所以对历史文化景观的再现，必须做到三点：首先，应该把人力、物力投入到现在文化遗存的保护中去。其次，如果确实需要再现历史文化景观，要在非常谨慎周密的考察、研究和设计下进行，避免复建不当造成巨大的浪费和对资源、景观、生态的消耗。最后，历史文化景观再现项目或工程不适合快拆、大建、快上，需要审慎、周密、精心的设计和实施。

著名现代建筑师王澍负责的杭州"中山路综合保护与有机更新工程"，就是一个精心组织和策划设计的历史文化景观保护和再现的成功案例。杭州中山路位于杭州上城区，是南宋都城临安的中轴线，为皇帝出游到景灵宫祭祀的御道，近代以来曾经是杭州城内最繁华的商业街。但近三十年以来，由于商业中心向西湖迁移，中山路渐渐衰落。这条街的历史风貌，说它是南宋御街，其实没有任何南宋的东西了。虽然中山路的发展在逐渐衰落，但不可否认的是，中山路仍旧是杭州的历史街区，一方面，中山路现在还保留有部分从清末到民国的民居建筑和商铺；另一方面，中山路在 20 世纪的 20 年代有一次大改造，为了迎接孙中山的到访，政府命令沿街商家按照西洋建筑风貌去改造沿街的商铺。所以，中山路虽然历经时代变幻和各种拆建改造，其空间格局、街巷形态、地名体系和字号门店等，还保存着杭州这座城市各个时代的历史、文化和生活的信息，保存着大量"活化的历史基因"。王澍和其项目团队认为，保护中山路，就是保护杭州的"根"和"魂"，就是对杭州历史的尊重，就是为杭州人民谋福祉。2008 年年初，中山路综合保护与有机更新工程正式启动。王澍的项目团队秉承"新旧夹杂、和而不同"的基本理念，和打造"世纪精品、传世之作"要求，引入"城市有机更新"理念，坚持积极保护方针，成功地将中山路各个历史时期的文化景观符号和现代商业和生活街区杂糅的综合功能结合起来，为杭州打造了一片有厚重文化、顶端产业、精致空间、人性交通、品质生活的历史街区，为来自全球的游客提供了一个现代时尚而又文化丰富的国际旅游综合体。在 2009 年国庆开街一周内，光是从中山路鼓楼到西湖大道这一段，就吸引了百万游客，可以说王澍领衔的"南宋御街"景观设计项目，即杭州中山路的历史文化景观复兴是非常成功的尝试。

四、旅游景观的"无中生有"

在旅游景观设计中，创意设计可能是最需要调动人类想象力和创造力的了，甚至世界闻名的一些知名旅游地建在既没有自然风光，又毫无历史遗迹，甚至缺乏基本生存资源的地区。"无中生有"地进行旅游景观的设计，无疑是旅游景观设计中非常高级的层次。

美国内华达州的拉斯维加斯，拉斯维加斯英文"Las Vegas"一词来源于西班牙语，意为肥沃的绿草，因为该市是附近地区唯一的水源。它地处被荒凉的石漠和戈壁地带包围的山谷地区，气候恶劣干旱。19 世纪中叶，一名拜访过拉斯维加斯的陆军中尉曾经绝望地认为，从此往后，再不会有人涉足这片沙漠。但是从1931 年博彩业在此地被宣布合法后，拉斯维加斯吸引了大量的投资人，除了美国本土的富豪，日本的大亨、阿拉伯的王子和知名演员等纷纷注入资金，到 20 世纪 50 年代发展为以赌博为特色的著名游览地，60 年代开辟了沙漠疗养区，城市经济主要依赖旅游业，城市内满是豪华的夜总会、酒店、餐馆和赌场。20 世纪90 年代，拉斯维加斯依旧是美国发展最迅速的城市之一。这座沙漠中的不夜城，除赌场之外，现在更受游客欢迎的是超豪华舒适的酒店、太阳马戏团的超级秀场、动人心魄的游乐场、食物精美的奢华餐厅，甚至各种满足游客求知欲的博物馆等，本地人口只有 200 万的拉斯维加斯，拥有近 15 万间客房，入住率在 85% 左右，平均每年接待 4300 万名游客，而且拉斯维加斯并不是仅仅面向成人的旅游城市，如今它已经成为吸引家庭型游客的地方，也就意味着全家的男女老幼、不同性别和年龄层次的游客，都可以在此尽兴游玩。拉斯维加斯虽然以博彩出名，但现在最重要的旅游项目是观光和购物。可以说，它把旅游景观的创意设计发挥到了极致。

奥兰多（Orlando）是美国佛罗里达州的中部城市，原本是一片沼泽地，20

世纪初发展成一个以柑橘种植业为主的农业城市，现在已经发展成为世界最著名的休闲旅游城市之一。作为"主题公园之城"，奥兰多拥有五大主题乐园：沃尔特·迪士尼世界级度假区（Walt Disney World Resort）、环球影城（Universal Orlando Resort）、海洋世界主题公园（Sea World theme park）、未来世界（Epcot）、"哈利·波特的魔法世界"主题乐园（the wizarding world of harry potter）。另外，奥兰多还拥有全美最大的海洋公园。老少皆宜、充满创意的各种旅游景观，使它成为美国人心目中的最佳观光胜地之一。

佛罗里达州是美国最受旅游者欢迎的度假天堂，这里的大多数旅游城市以海滨沙滩闻名。奥兰多与佛罗里达州其他城市相比，缺乏大自然赋予的景观条件，但它却能通过主题公园的创意设计，从沼泽地中拔地而起、脱颖而出，成为佛罗里达州的娱乐中心，成为乐园王国、梦幻王国和孩子们的王国。

美国是一个建国时间较短、历史人文景观并不突出的国家，但长期在最受游客欢迎的旅游目的地国家中排名前三，且在全世界主要旅游国家的旅游者消费排名中名列第一，除了多彩的自然景观、一流的旅游基础设施和热情周到的服务，靠的就是旅游景观的创意设计。在今天的旅游景观设计中，最受游客欢迎，同时在商业上最成功的往往都是创意旅游景观。创意为旅游景观设计带来更新、更受关注的旅游价值。

第二节　旅游景观设计的价值认识

一、价值的概念

"价值"一词源自拉丁文 vallum 和 vallo，原意是堤和用堤加固、保护。英文"value"的含义是用处、用途、值得重视和有益的。价值的概念首先在经济学中使用，古希腊的学者尝试从哲学角度探讨价值的内涵，但真正开始对其进行系统研究则是在 20 世纪上半叶，并在西方产生了价值学。

20 世纪六七十年代后，价值学发展势头迅猛。现代西方许多流派都致力于价值研究。新康德主义的代表人物之一文德尔班，甚至把哲学归结为价值学，认为哲学的对象不是一般的现实，而是具有普遍意义的文化价值。李凯尔特继承了文德尔班的价值观，认为哲学只以价值为对象。另外，李凯尔特还只承认文化价值而否定自然价值。实用主义的奠基人詹姆士也对"价值"进行了研究。在他看来，客观世界是没有的，有的只是如何应对环境；真理成了在各种经验中有确定功效的东西的集合体。一个新观念能最适当地发挥我们的功效，满足我们双倍的需要，这便是最真的。这就是实用主义有名的原理：有用的便是真理。新托马斯主义的价值观认为，人们的世俗生活，不能给人带来价值；只有了解上帝，才能得到幸福。人格主义价值观与新托马斯主义价值观类似，认为人格是至高无上的价值。他们把人格当作一种内在价值，当作社会最珍贵的财产，社会幸福最重要的源泉。马克思也对"价值"进行过研究。他认为价值是一个比较普遍的概念，表示物的对人有用或使人愉快等的属性，实际上是表示物为人而存在。

总结20世纪价值论的观点，主要有三种：第一种认为价值是关系范畴，价值是主客体相互作用的产物；第二种认为价值是客体对主体的有用性，价值存在于客体中，是客体的固有属性；第三种是系统说，认为凡符合系统目的，有助于实现系统目的的东西，都有价值。系统说也就是广义价值论，认为价值不限于对人的价值，还包括对自然的价值，自然价值是不依赖于人而独立存在的。系统说的产生是因为经济全球化及由此而产生的一系列全球性问题直接向我们提出了自然价值、环境价值的问题，提出了人与自然界的关系问题。人类中心主义受到质疑，人与自然和谐统一的观点被广泛肯定。对第二种观点，学术界是质疑的，而主客体价值关系论可以说明许多社会现象的价值，因而被广泛接受和运用，系统论的思想实际上要求扩展价值主体，即价值主体不能只限于人，还应包括自然界。

本书的内容主要倾向于对文化价值进行研究，我们从以上对价值的概念论述中得到以下观点：价值是抽象的，并不是具体的现实，但它蕴含在现实之中。价值的实质在于它是否有效。价值能附着于对象之上，能够使对象变成财富；价值是由主体的活动评价赋予的。也就是说，价值的核心是主体对于对象的评价。

二、价值体系与价值观念

人类在社会中的生存、思想和创造都存在一定的价值体系，而且我们根据我们社会的价值体系来对生活、生产等一切事物进行评判。价值体系是人类社会中行为、信念、理想与规范的准则体系。

人类在价值体系中具有主体的价值意识，也就是能够对事物和人产生评价的意识。价值意识有三个层次：第一个层次是感性的价值知识。是非理性的、个性和取向鲜明的，是发自自身的、源于潜意识的价值意识。第二个层次是理性价值知识。如对价值的判断、评价、决策、推理、选择和预测等。在价值心理多次重复和在事实知识与价值知识参与条件下，经过长期积淀形成关于价值关系的稳定的观念模式，即价值观念。价值意识的第三个层次是价值观，是反映各种价值观念和各种价值知识的一般观点或根本观点。

价值观念决定了人们的价值取向与价值标准。不同的地域、民族、国家，有着不同的文化传统，也有着不同的价值观念。这种价值观念在不同的地域、民族和国家中经过长期的磨合和群体的强化形成了非常稳定的观念，对各自的文化和社会生活产生了强大和深远的影响。

人在社会生活中的每一天、每一件事都具有一定的价值追求。小到面对衣食住行中各种日常事务，或面对哲学、宗教等思想寄托和理想信念的确立，再到选举、制度、政策等政治和社会宏观的问题，人们总会依据自身或所在群体、组织的价值观来进行各种不同的选择，会表现出取舍、好恶等，不论如何，人会有不同的抉择和态度，都是因为价值观念的作用。人们对一定事物的具体追求和评价，本身不是价值观念，但它一定受价值观念制约。价值观念是人们对一定事物（或人）喜欢不喜欢、关心不关心、追求不追求、看好或看坏、褒扬或贬抑等的前提和依据，是隐藏于具体追求和评价背后的深层态度或潜在态度。

具体地说，价值观念是人们心目中关于某类事物价值的基本看法和总的观念，是人们对该类事物的价值取舍模式和指导主体行为的价值追求模式。价值观念的内容，一方面表现为价值取向、价值追求；另一方面表现为价值尺度和评价标准，是主体进行价值判断，价值选择的思想根据，以及决策的思想动机和出发点。价值观念具有相对程度的稳定性，虽然也有灵活调整的表层显化，但整体而言，价值观一旦形成就会形成相当稳固的深层结构，除非遇到整个社会的重大深刻的变革，否则不会改变其深层的价值观结构。

三、旅游景观设计的价值取向

旅游景观本身是一种资源，资源就具有其价值。资源的价值是在一定目的前提下客观事物对人所能发挥的作用的大小。如果目的不明确也就无法评价资源的价值。旅游景观的价值应当以观赏和实用两个目标为依据来评判。

观赏价值是旅游景观的主要价值。无论是自然景观还是人文景观，如果能让旅游者一饱眼福，满足旅游者的审美、情感及求知需要，那就是有观赏价值的景观。而且审美、情感及求知价值越高，观赏价值就越高。没有观赏价值的事物，就不能称之为旅游景观。

实用价值主要分为经济价值、文化价值和科学价值三个部分。

经济价值。旅游景观是发展旅游业的重要资源，能为地方带来经济效益。观光是旅游行为的主要内容，大多数旅游地区都是靠特有的景观资源来发展旅游产业。拥有一处具有较高观赏价值的景观，就意味着拥有一笔资产，对地方发展旅游经济十分有用。

客观事物所具有的能够满足一定文化需要的特殊性质或者能够反映一定文化形态的属性就是文化价值。旅游景观的文化价值表现在它能满足人类文化旅游等文化消费需求以及具有文化传承与传播的功能。人文景观是记录人类思想和活动的符号，是非物质文化的物质存在，它承载着历史和文化。历史遗留的人文景观是历史的见证者，当代人文景观又是记录当代文化的语言。人文景观的设计是将非物质文化物化的行为。人类的思想情感只有以物质形式存在，才能被传承下去，才能得到广泛传播。可见性景观不仅仅是供人观赏的对象，还肩负着传承和传播文化的功能。

景观中承载着大量自然或文化信息。自然景观或人文景观都具有一定的科学研究价值，可以为自然科学、社会科学研究提供研究对象与场所，科学工作者可以从中获得很多科学信息。科学工作者可以分析其特征，探索其成因机理、发生发展规律，对人类自身发展具有积极的意义。

旅游景观的设计在旅游景观原有的文化性基础上，又增加了文化的意义和价值。一方面，价值本身具有文化性，因为价值是属于人的价值，而人是文化的人。既然是文化的人，那么必然具有文化因素，这些因素也就势必进入主体的需要中，而人需要中的文化因素，又必然会进入价值中，所以价值必然具有文化性。另一方面，文化具有价值性。因为文化生成后，又以价值的形式作用于人，从而使文化具有了价值的性质。这里我们便开始接触到了文化价值。而价值观是文化的核心，人最独特的灵性是能做价值选择，即能对客观事物作出判断和评估。如前所述，价值观是一种相对稳定的价值选择趋向结构。价值观是在社会实践基础上形成的，一旦形成，就在人的意识与无意识中起着或隐或显的支配作用。

东方园林和西方园林景观就体现出来两种完全不同的价值观。东方园林以中国古典园林为代表，再现自然山水。西方园林以法国古典园林为代表，表现人工的几何规则。中国古典园林为代表的东方园林，强调"天人合一"，追求人与自然的和谐。"天人合一"是中国儒、释、道思想中都各有阐述的思想，其中的"天"指天道，还指自然大道，道教所说的天，多指自然、天道。天人合一，多指人与道合而形成"天地与我并生，万物与我为一"的境界，也指天人相合相应。在中国古典园林中，表现为"虽由人作，宛自天开"，如明代园林家计成《园冶》中所说，园林虽是人工创造的艺术，但其呈现的景色必须好像是天然造化生成的一般。本于自然，高于自然，把人工美和自然美巧妙结合。

法国古典园林整齐一律，均衡对称，具有明确轴线，追求几何图案化的景观装饰，甚至连花草植物都修剪成整齐的几何形。这些特色体现了西方园林的价值追求"天人相分"，人工胜于自然。法国古典园林的典型作品凡尔赛宫，其花园主轴线强调规整、严肃的视觉效果，园林的总体布局像建立在封建等级之上的君主专制政体的图解，是君权凌驾于万物之上的绝对权威的象征。

虽然现代旅游业发展至今仅有一百多年的历史，但旅游景观的历史悠久，旅游景观设计古已有之。虽然今天的很多旅游景观在古代修建设计时，其功用并不是为了旅游，但是帝王宫殿、祭祀坛庙、住宅剧场、街市城防，甚至水利工程都成为后世旅游观赏的景观，其中无疑凝聚了当时的设计者的种种价值取向。比如，高度理性的古希腊建筑群、古典主义的宫殿广场和花园、现代主义建筑，或追求浪漫想象的哥特式大教堂、巴洛克和洛可可风格的宗教和宫廷建筑、后现代主义的住宅和大厦等，不同的景观设计都有着不同的思想观念为出发点。通览人类的文明发展历程，不同历史时期、不同国家地区的造物者们各自承继不同的文化观念和价值观念，立足于不同的审美视角和评价标准，创造出五彩斑斓、千变万化的景观。

旅游景观设计本身也体现了设计者的价值观念和价值选择。在20世纪90年代国内规划设计了大量的旅游度假区、旅游景区，将自然或人文旅游景观突出的地区进行一定区域内的规划设计，旅游景观设计集中在风景名胜区、度假区、游乐公园等。进入21世纪以来，随着社会经济和文化的发展、人们生活水平的提高，旅游已经变成中产阶层的一种常态化、定期行为。旅游者从观光旅游向休闲旅游转型，旅游者旅游的目的从名胜古迹等打卡签到式观光，转变为休闲放松疗养旅游。在紧张繁忙、高强度、快节奏的工作生活之外，人们的旅游希望能够获得一种与日常迥异、较慢节奏的、可以获得身心放松感受快乐的体验。在这样的旅游者需求下，除了大型的旅游景区，很多旅游小镇、乡村农家乐等带有"慢活""乐活"色彩的旅游景观快速发展起来。另外，城市郊区和乡村的民宿近年来也遍地开花。人们的旅游注意力从大型风景名胜区转移到乡村田园，从旅游者的选择改变已经可以看出一种价值转向。今天的旅游景观设计也在跟随社会的发展和变化，根据不同规划设计单位和旅游者日益增加且多变的诉求出发，不断探索、不断延展，正在呈现出更多不同的风格和类型。

四、创意旅游景观设计的价值评价

旅游景观的创意设计越来越受到人们的重视，其中一个非常重要的原因就是创意具有巨大的经济价值或商业价值，可以带来丰厚的投入回报。

创意设计是很多企业面对日益严峻的竞争而想出的办法之一，为了能在竞争中生存或脱颖而出，促使公司不断创新，使初级产品发展到产品，再发展到服务型产品和体验型产品，创造出无数的品牌，而品牌又会产生新的"品牌溢价"。"品牌溢价"通俗地讲，就是一升含有矿物质的饮用水，装在无品牌的塑料瓶和装在农夫山泉、依云的瓶子里的售价差异。同样的生产厂家，几乎差不多的配方，换了品牌，产品价格就获得了成倍的增长，从商品实际的价值到它的销售价格，这之间的差价就叫作品牌溢价。

在现代社会，品牌具有巨大的商业价值，与我们当今消费社会的消费文化紧密相关，品牌的价值在于，消费者用品牌产品来定义自己的形象、品位和价值。仅仅从使用价值来看，商品的品牌并不能提供给消费者真正的使用功能，一瓶售价 2 元的水也可以解渴，那么售价几十元甚至上百元的水，其中真正有使用价值的部分——水并不是消费者真正想要的东西。消费者真正想要的，甚至不是实体的物件，而是一种概念，一种只要在人群中被人们眼见、耳闻就知道它很贵的概念。不论是水，还是 T 恤、钻石、手表，只是这个概念的载体而已。

很多品牌商家通过这些品牌商多年来的包装、经营和发展，逐渐掌握了品牌文化的话语权。这种话语权成为一种引导消费者思考、消费的巨大吸引力，成为推动价格变化、获得商业竞争胜利的权利。当一个品牌具有了相当的消费受众（实际的和潜在的）和市场占有率，这些概念都会变成潮流的一部分。任何品牌既有理性部分，也有感性部分。理性部分是指这个品牌的品牌功效，感性部分是指这个品牌的品牌形象，品牌溢价就是品牌感性部分的价值变现。我们中有很多消费者是理性的，他们经常会关注产品或品牌的理性部分，就是这个产品或品牌的性价比如何，它的功能如何，但是很多消费者很难说他们特别理性，包括旅游景观的消费者。

北京石景山游乐园是国家 4A 级旅游区，位于北京西长安街延长线上，距离天安门 15 公里。建园于 1986 年，是北京建园较早的游乐园，也是很多北京人的儿时回忆。主要游乐项目有神舟号过山车、海盗船、飞越世界、皇家转马、大摆锤、飞天城等近百项，入园门票仅 10 元，当然，游乐项目中大部分需要另外收费，但是其价格相对较低，容易为大多数消费者接受。可是今天，由于它的知名度较低，很多外地游客在北京众多的景点选择中会将其远远地排在后面。

北京环球影城度假区坐落于北京通州，毗邻东六环和京哈高速公路，是亚洲的第三座，全球的第五座环球影城主题乐园。度假区包含北京环球影城主题公园、两家度假酒店、北京环球城市大道，主题公园在 2021 年 9 月开门迎客，门票价格分为四档：淡季 418 元、平季 528 元、旺季 638 元、特定日 748 元，另设限量购买的优速通（10 月黄金周价格 800 元一人一张），停车场收费在 100 元一次或 150 元一次。环球影城主题公园内的园区设计围绕着大家熟知的影视作品展开，很多游客熟知公园内的各种影视主题。但也有很多旅游者甚至没有看过《哈利·波特》《侏罗纪公园》《变形金刚》《功夫熊猫》，不知道奥利凡德的魔杖店为什么会排队、丑丑史前生物为什么要卖萌、火种源到底有什么争夺的必要性、阿宝为什么不吃竹子吃面条……但是他们还是会购买环球影城主题乐园昂贵的门票。很多游客一次环球影城之旅，从门票到吃住行要花费上千元、几千元或上万元不等，但是环球影城度假区高昂的各类消费定价没有吓退旅游者，反之各种热门游乐项目排队时间在 1 小时以上，旺季常常达到 2—3 小时或更久。截止到撰稿时，在携程网站上用户对它的全部 3447 条评价中，只有 221 条差评，占全部评价的 6.4%，而且差评内容主要针对排队和服务，而游客对排队和服务产生的不良体验根源也在于游客太多，而不是票价高昂。

很多普通商品在具有较高商业价值的旅游景观中也会变换身价。比如，250 克质量不错的牛排在普通超市标价为 40 元，而在知名连锁餐厅必胜客购买的时候标价就变为 80 元，此时溢价了 100%；如果在一个旅游景点的餐厅购买，这块牛排就变为 120 元，此时溢价了 150%；而且我们会发现，换成一个更知名、人流更多的旅游景点，如北京环球影城中的侏罗纪园区的哈蒙德餐厅，一份牛排的价格是 218 元，它的溢价超过 400%。

这就说明一个成功的品牌会使消费者觉得它物有所值，其品牌价值可以使人们为之付出金钱、时间，甚至平时我们深深厌恶的排队。

越是高溢价的品牌，其感性部分的变现能力也越强，也就是说比同等类型、质量的竞争者卖得更贵，即具有更高的商业价值。所以说，品牌溢价就是品牌感性部分的价值变现。在这里，要纠正一个关于品牌溢价的错误认识，品牌溢价并不是企业单方面可以决定和把控的，而是要靠消费者的自主选择。也就是说品牌是否能溢价，取决于消费者心里对品牌的"超值感受"。

不是每个企业都有本事让自己的品牌溢价的。"主题"公园，顾名思义，就是极具特色和感召力的故事主题。其中底层元素是一个个"知识产权"（Intellectual Property，简称 IP），可以理解为所有成名文创（文学、影视、动漫、游戏等）作品的统称。实际上广义上 IP 指的就是内容，优质 IP 可以等同于好的故事和角色，这也成为影视作品成功的基础。IP 是一颗种子，这颗种子一开始可能是一个概念，由概念演变为一个词，由一个词演变为一句话，由一句话演变为一个故事，进而成为一个核心——真正意义上的"主题"或"品牌"。环球影城或迪士尼度假区就建立在丰富的 IP（内容）之上，它们就拥有了使自己的品牌获得溢价的能力。

事实上，一旦拥有一个核心强势 IP，旅游便跳脱出资源导向特点，迈向智慧及创意导向。而万达乐园就是缺乏强大的创意 IP 和主题作支撑，从本质上看，还是缺乏文化内涵和文化创意，这也是万达乐园销声匿迹的根源。

我们以文化产业中的旅游视角来观察，也可以获得强势文化带来的巨大商业利益的例证。世界上接收外来旅游者最多的国家是法国，但是旅游收入最高的国家却是美国。以 2018 年的数据为例，8000 万国际游客到达美国，贡献了 2140 亿美元（约合 1.42 万亿元人民币），同比增长 2%，这也令美国成为国际旅游收入最高的国家。相比之下，西班牙的国际旅游收入虽然排名全球第二，但是仅 714 亿美元，约为美国的三分之一。国际游客数量最多的法国（8900 万人），旅游业创收仅 670 亿美元，排名第三。而我国作为 2018 年世界排名第十的旅游目的地，国外游客多达 6300 万人，其旅游收入仅有 400 亿美元，不到美国的五分之一。可见，接收的国际游客数量，与其旅游收入并不一定成正比。以中美为例，虽然在国际游客数量上，美国（8000 万人）不到中国（6300 万人）的 1.3 倍，但是其创收却达到了中国的 5 倍多。

美国作为全球旅游业最赚钱的国家，除了其雄厚的经济基础、一流的基础设施、发达的道路交通网络和丰富的自然旅游资源，重要的原因之一就是其文化输出的能力。迪士尼集团由华特·迪士尼于 20 世纪 20 年代创立，发展至今已有近百年历史，主要业务包括娱乐节目制作、主题公园、玩具图书、电子游戏以及传媒网络等业务。旗下拥有皮克斯动画、漫威电影等知名影视品牌，还拥有米老鼠、白雪公主和狮子王等众多知名卡通形象。2019 年迪士尼在全球票房收入超过 100 亿美元。截止到 2019 年年底，全球已有六个迪士尼乐园，分别位于：美国加州和佛州，日本东京，法国巴黎，中国的香港和上海。游乐园年接待游客达到 1.34 亿人次，在全球主题乐园中排名第一，集团年收入达到了 696 亿美元（折合人民币约 4850 亿元）。迪士尼通过动画和电影创造出深入人心、影响全球的动画和电影的经典故事和形象，再以其故事和 IP 主题为核心打造出主题乐园、酒店、衍生产品等，打造了一个梦幻的王国，同时也是成功的商业王国。而美国不光有迪士尼，还有环球影城娱乐集团、雪松会娱乐公司、六旗集团、海洋世界娱乐集团等全球顶尖的主题公园集团，全世界排名前十的主题乐园集团美国占五家，在营收方面更是一枝独秀。仅 2018 年上半年，美国的环球影城主题公园就营收 26 亿美元。

　　纵观世界上任何一个成功的主题乐园，都具有高知名度、个性鲜明和充满魅力的主题故事。与游客情感连接的重要手段、强化识别的重要方法、市场营销的强大利器、增加二次消费的重要法宝、园区内容创意的重大源泉，对于现已进入主题娱乐时代阶段的主题乐园至关重要。历史底蕴深厚的中华文化其实蕴含了许多发展 IP 的机会，许多古老传统的文化有巨大的价值可挖掘，可以焕发新的生机。

第五章　创意旅游景观设计中的文化传播

本章主要介绍创意旅游景观设计中的文化传播，从创意旅游景观构建文化时空、创意旅游景观中的思想渊源、旅游主体的创意召唤、创意旅游景观设计中的核心内容四个方面进行阐述。

第一节　创意旅游景观构建文化时空

一、旅游景观的时空拓展

旅游者来到旅游目的地，依托旅游景观开展旅游活动，旅游景观对于旅游者来说最重要功能就是实现时空的转换和拓展。人们今天的旅游有很多种目的：经商、求知、疗养、娱乐、休闲……共通之处就是为了拓展人们生活的空间，甚至时间。人类最早的旅行就是为了生存繁衍而不断迁徙、狩猎、游牧，在不断地改变生存空间环境的行为中，人类祖先通过观察自然、积极探索，不断学习和掌握生存的经验和技能。人类最早的英雄和领袖几乎都是旅行家，如果没有最初筚路蓝缕的艰苦旅行，也就没有人类的繁衍壮大。

当然，不是所有人都热爱旅游，但是我们不能否认，在有条件的情况下，相当多的人会选择旅游作为一种休闲、娱乐方式。我们国家的劳动节、国庆节假期，国内很多景区都面临着"人从众"的问题，旅游者们摩肩接踵在热门景点，或各个城市地区的并不那么热门的景点。

旅游能够为人们带来改变、带来新意。旅游景观不同于定居地点，它是特殊的、陌生的、有趣味的。人们从居住地到另一个非久居地旅游，他们面对的旅游目的地的景观环境，就是一种时间空间上的拓展。了解这点对于创意旅游景观设计来说至关重要。比如，生活在中国东北的旅游者在冬季特别喜爱到海南旅行，而中国东南沿海地区的人们也喜欢在冬季到寒冷的东北去。人类追求自由，追求变化，更深层次的目标是追求自我完善和自我实现。

在生产力较低的时代，人们旅行是为了超越自然。人们追逐水草，从采集狩猎到定居种植，旅行是为了从山野、森林、田地中获得食物、繁衍生息。古希腊拥有温和的气候条件，但多岛屿多山，土地贫瘠缺少耕地，好在地中海海不扬波，一年有 8 个月的时间非常适合出海，古希腊人为了生存很早就开始勇敢地探索大海，而且很快成为技能高超的航海者。古希腊人以担任舰长为荣，除了政治家伯利克里、历史学家和将军修昔底德，就连创作出伟大悲剧《俄狄浦斯王》的剧作家索福克勒斯都曾经做过舰长。古希腊城邦中雅典的舰队的主要航道有：从爱琴海到黑海的运输线，越过伯罗奔尼撒半岛和南意大利的运输线，还有经过克里特岛、往西南到北非埃及的运输线。连古希腊的神庙外形都模仿希腊的战船，今天这些洁白的石制建筑如同一艘艘战船矗立在海岸边、山崖上，在胜利女神的陪伴下守护着希腊。古希腊从青铜时代的航海者，成为西方文明的领航员，离不开古希腊人通过航海对未知领域的勇敢探索。古希腊人通过航海摆脱了贫瘠土地、狭小空间对人的束缚和压迫，古希腊通过贸易或战争等传播手段，与地中海周边的文明不断交流，创造文化、组织社会、不断进取、追求人类的理想精神和完美境界。

在科技日新月异的今天，人们旅行是为了回归自然。现代人生活在整齐划一的机械化的城市森林中，全世界三分之二天际线几乎一模一样，从东京、纽约、上海、伦敦……如果隐去每个城市的一两个地标建筑，用剩下的建筑剪影来辨认是哪个城市，几乎能成为一种猜猜看的游戏。在这种情形下，被同化了的城市人开始向往自然、田园，即使身不能至，也心向往之。人们在自然景观中的徜徉，来暂时解除高速度、高压力、高负荷的紧张繁忙的日常束缚，在严整规范、简单划一的现代生活中带来阶段性的调剂。"旅游"这种暂时性、阶段性的调剂成为人们的需要和向往，而且，可以想见，这种暂时阶段性调剂越来越经常地在现代城市人的生活中发生，这也是小长假旅游景点游客爆满的原因之一。在难得的假日，现代人越来越享受清新的空气、温暖的阳光和自然的山水。丽江、三亚、桂林、杭州、苏州、成都、青岛、大连……这些自然景观突出又兼具一定人文景观的城市近十年来特别受国内游客的追捧。

追求自由和自身能力的不断完善，是人类的本质属性。这一点不仅从对人类整个历史发展的纵向考察中观察可见，也在人类热爱拓展自身生活和文化空间的行为活动中观察可见。所以对旅游景观的创意设计，必须注意到人类的这个特质。身处不同生活环境中的人们，所处的自然环境和社会环境皆有不同，创造的文化也具有不同的特色，如果他们转变身份成为"旅游者"，他们的目标是高度一致的，就是要去探求与日常生活不同的旅游轨迹，发现和体验与通常所处环境不同的旅游环境。旅游景观必须为旅游者们提供这种时空的拓展。

二、旅游景观营造跨文化环境

旅游景观营造了一种旅游环境，对旅游者来说，是一种具有特殊文化的区域环境，而且这种区域环境对旅游者来说往往是陌生的。与日常生活中人们面对陌生环境的紧张、不安、担忧甚至害怕不同，人们在旅游中对陌生环境充满了包容，而且旅游者对这种陌生环境往往是充满好奇、刺激和喜悦的。比如，来自东南沿海地区的旅游者，到甘肃会探寻敦煌的古迹，骑骆驼俯瞰月牙泉，在鸣沙山滑沙，到兰州吃地道的牛肉面，去天水参观麦积山石窟和天水民居，去甘南体验宗教文化等。从当地人的语言性格到当地的衣食住行，旅游者会感受到丰富的文化，在体察这些文化差异的过程中，旅游者对当地风土人情的认知会加深，对当地历史文化的了解会增加，会产生巨大的自我满足和成就感。

旅游景观带来的跨文化环境，可以满足旅游者的好奇心，还能满足旅游者的求知欲。旅游者对旅游环境的求知欲，首先，来自旅游活动的来之不易。对于今天的旅游者来说，旅游活动要消耗宝贵的金钱和时间，特别是闲暇的、可以用来旅游的时间，对今天的现代社会人来说尤为可贵。旅游目的地几乎都是远离旅游者日常生活地的，旅游者在众多的目的地中选择了其中幸运的一个，策划一次难得的旅游活动，而且很可能是到此目的地的唯一一次机会。所以，对于旅游者来说，在旅游地的时间就是一个被期待的并被加倍珍惜的时光。其次，旅游者对旅游环境的求知欲，还来自旅游者的心理需求。按人本心理学研究理论，人类在满足生理需要、安全需要、情感和归属上的需要、尊重的需要之后，第五个层次，也是更高层次的需要，就是自我实现的需要。1954 年马斯洛在《激励与个性》一书中探讨了他早期著作中提及的另外两种需要：求知需要和审美需要。这两种需要未被列入到他的需求层次排列中，他认为这二者应居于尊重需要与自我实现需要之间。而求知和审美需要正是旅游者可以在旅游环境中获得的，也是旅游景观设计要实现的目标。

　　我国大多数旅游者出游的各大因素中，欣赏美丽的风景排在首位，其次就是各城市独特的文化，在旅游景观中美景和人文常常密不可分。旅游者在旅游过程中，通过对旅游景观的跨文化体验，进而引发对旅游者自身的自我意识体验，包括对自我的认知肯定，如自信、自尊和自豪感等。比如，我们去新疆地区旅游，新疆位于我国最西部，少数民族文化氛围浓厚，自然和人文景观特色鲜明，这种对于普通内陆居民来说较大文化差异的陌生环境，会带给我们较大的陌生文化刺激和冲击。比如，吐鲁番的葡萄沟是否与我们自己想象的一样，冰山雪水融化后被引导到人工灌溉水渠内是如何完成的，这一古老的工程是经过几代人修建成功的等，这一系列信息的获取、印证和修改都会使旅游者体验到好奇心被满足、求知欲被填充的乐趣。

　　旅游景观营造的跨文化环境，会激发旅游者去了解当地文化，甚至是一些我们在日常生活中不会在意的事物。因为在旅游环境中，旅游者如同开启了视觉、听觉、触觉、嗅觉等各种感官通道雷达的探测器，不断吸收着旅游地的文化信息。旅游使文化成为体验的对象。在旅行中旅游者对景观中的陌生文化往往以观赏、感受等体验心理为主，较少以评判或审视的心理去对待。比如，大多数现代人日常极少观看传统戏曲节目，但是作为旅游者在旅游地却会聚集在一起观看当地的地方戏剧表演，而且通常看得津津有味。在旅游景观中的文化体验具有随机性的特点。在旅游中，除了少数的游学旅行或田野考察旅行，绝大多数旅游者并不是带着学习的目的去进行旅游的，在旅游中跨文化的冲击通常在不自觉的场景下突然出现。比如，在迪拜的豪华时尚的商场中，会看到身穿长袍头戴面纱的当地女性，无意间就体验了当地的服饰文化；漫步在巴黎的街头，随处可见咖啡店，平时不喝咖啡的旅行者也会来上一杯，感受当地的咖啡文化；在希腊的卡瓦拉，徜徉在悠长的海岸边，感受宜人的气候和美景，甚至夏天可以在酒店的露台望着大海在躺椅上入睡，感受希腊气候环境带来的特色建筑文化；在水城威尼斯可以乘坐贡多拉小船荡漾在亚得里亚海的碧波里，体验威尼斯水城的特殊出行方式及地域文化……在跨文化环境的旅行中，文化感知往往是在潜移默化中完成的。

三、旅游景观的创意形象

今天的旅游已经不再是一种奢侈的消费行为，对于消费者而言，旅游日益成为一种司空见惯的日常行为。伴随着旅游服务进入数字网络时代，旅游方式不断多样，境外旅游条件也不断放宽，越来越多的旅游者走向宽广的世界。对于旅游业来说，旅游者眼界的拓宽和旅游能力的提升是一件同向前进的好事，但是对旅游景观设计来说，旅游者经验和视野的提升则是一种挑战。

在 20 世纪，旅游者相对比较容易满足，一切都是新的，一切都是未知，旅游者面对旅游景观较为宽容和热情。但是到了 21 世纪，很多旅游者已经从旅游新人变为见多识广的资深玩家。很多旅游者去过很多知名旅游景点，他们会将新的旅游目的地与以往去过的旅游地景观进行比较。2020 年之后，越来越多的文博旅游机构借助数字媒体技术将旅游景观搬到线上，使人们可以足不出户观看和游览线上博物馆、线上景点。我们也可以从网络上观看各种旅游博主、旅游 UP 主对各地景观的介绍，还有各色详尽的旅游攻略、旅游笔记等的网络分享。与旅游者的经验眼界和旅游信息高度发达不成正比的是，旅游景观设计依然走在过去的老路上。

旅游景观已经成为地区形象的重要一部分，甚至成为可以相互替代的概念，良好的旅游景观可以成为一个地区的代表和名片。一个地区特色鲜明、审美突出且具有文化内涵的旅游景观是旅游目的地或旅游项目获得成功的先决条件，旅游景观设计是旅游策划和营销的基本步骤之一，而且是不同地区构建自身形象和旅游品牌的重要选择。以前没有突出特点的旅游景观开始重新设计定位，已有定位的旅游景观也被重新塑造。特别是某些已经形成一定特点的旅游景观，因为与周边地区旅游景观之间的同质化；或因社会发展变化，旅游者的品位偏好发生改变，原有的旅游景观不再受旅游者欢迎；或者出现了具有巨大竞争力的旅游景观，或因为其他因素挤占了主要旅游客源……旅游景观设计的重要性越来越被人们重视。

今天的旅游景观设计需要差异、需要个性、需要创新、需要打动人心。这一切需要"创意"的帮助。旅游者总是选择和他们居住地有明显差异的地区作为旅游目的地，而地区之间的差异体现在两个方面：自然景观和人文景观。自然景观主要依靠旅游地原有的自然环境来展开营造的，通常来说，拥有良好自然景观的地区都是受自然界恩宠、具有得天独厚的优美自然环境的地区。但是人文景观是人力可控的，是可以经过缜密而又大胆的规划设计达成的。我们观察近年来最受旅游者欢迎的一些旅游景观案例，都是创意设计的产物。

比如，西班牙北部的毕尔巴鄂，在西班牙的众多旅游城市中并不出色。它在历史上几经起落，在 19 世纪曾因为铁矿石重新振兴，在 20 世纪中期随着铁矿开采的枯竭而再度衰落，1983 年一场大洪水将老城区几近摧毁，从此毕尔巴鄂陷入困顿，整个城市颓败难返，到了 20 世纪 90 年代，毕尔巴鄂沦落成籍籍无名的小城。毕尔巴鄂的复兴来自弗兰克·盖里设计的毕尔巴鄂古根海姆博物馆，这座解构主义的惊世名作，1997 年一经落成就吸引了全世界的游客。整个城市因为这座博物馆而从衰败中迅速转变成时尚前卫的现代文化名城，重新焕发生机、走向繁荣，可以说是创意设计塑造旅游景观的典范。

有人在古根海姆博物馆刚落成的时候，评价这座有后现代之风的前卫建筑与当时依然破旧的毕尔巴鄂老城区格格不入、极不协调。当时的批评者形容盖里的古根海姆博物馆像是一个打扮成朋克风格的个性少年，突然转校到了一个都是城市平民的普通小孩的班级里，在整个环境中特别刺目。实际上，毕尔巴鄂在建造古根海姆博物馆之前，就有非常前卫的现代建筑元素。1990 年毕尔巴鄂开始建设地铁系统，利用城市中心外现有的线路，从岩石中以隧道形式穿过。英国建筑师、高技术派的代表建筑大师诺尔曼·福斯特，在地铁站设计方案竞赛中获胜，承担了市内 29 个地铁站的设计，这些地铁站以带有诺尔曼·福斯特自身标志的单词"Fosteritos"为统一的标识，人们看到这个标识都会知道附近有地铁站。地铁站整体是典型的高科技派风格，地铁入口由闪亮的金属和玻璃材质组成，整体风格贯彻了福斯特的高科技风，如同一段机器的管道从地底钻出，入口体积很小，以图占用最少的街道空间，为市民留出尽量大的可用城市空间，并与闹市融为一体，符合毕尔巴鄂面向未来的城市发展方向。地铁入口又与从地下破土而出的爬虫身体相似，轻灵干净又动态十足，任何角度都亮丽醒目。这些地铁站被毕尔巴鄂人

称为 "Fosteritos"，也表达了对建筑师的敬意。毕尔巴鄂的老城区改造中，还设计和建设了大量融合现代技术的无障碍公共设施，使老城区也可以为人们提供便利的生活条件。

对于毕尔巴鄂而言，用后现代前卫的建筑来修复这座具有悠久历史的城市，是非常高明的举动。在过去二十几年的时间，毕尔巴鄂成功转型，由工业重镇转变为以旅游业为主的城市。20 世纪 80 年代以来，原有的高度依赖资源开采的产业随着自然资源的枯竭难以为继，再加之洪水天灾，对于老旧的城市来说雪上加霜。但是毕尔巴鄂当地的决策者没有停止思考，他们意识到要使城市重新崛起，必须改变原有的产业和思维模式，老城区的大面积损毁既然无法弥补，就干脆开创一条新路。举世闻名的古根海姆博物馆落户毕尔巴鄂，带来了重要的象征意义和触发效应，标志着这座城市的开放、包容和创意精神。

古根海姆博物馆是所罗门·R.古根海姆（Solomon R.Guggenheim）基金会旗下所有博物馆的总称，是全球性的连锁艺术馆，也是世界上最著名的私人现代艺术博物馆之一。古根海姆基金会成立于 1937 年，虽然开端较晚，但已发展成为世界首屈一指的跨国文化投资集团。目前这个博物馆群在美国和欧洲有五座博物馆，其中，最著名的是美国纽约和西班牙毕尔巴鄂的两座。对于毕尔巴鄂来说，这座世界级的文化名片落户此地是很多偶然因素共同作用的结果，但同时也是毕尔巴鄂市的积极联络和强烈意愿共同作用的结果。现在看来，二十多年前的毕尔巴鄂城市规划决策非常成功，2007 年的数据显示，仅仅是这座博物馆就为这座城市每年增加了过夜旅客近 80 万人次；在 21 世纪的第一个十年，前往古根海姆的游客就带来了数亿欧元的 GDP。毕尔巴鄂市政厅在 2010 年获得了首个城市界的诺贝尔奖——"李光耀世界城市奖"，以奖励其在城市交通综合性改进的整体措施。这个奖的颁发，并不是因为毕尔巴鄂新建了几座地标性建筑，而是该市致力于城市设施整体系统的长期规划，并且在此领域显示出了前瞻力和领导力。而且毕尔巴鄂一直持续对城市进行整体创意设计，大力推进城市创意产业的发展，为毕尔巴鄂塑造了一个崭新的创意城市形象。

第二节　创意旅游景观中的思想渊源

一、中西景观设计的思想内涵

（一）中国传统景观文化概述

中国传统景观文化受儒、道、释三家影响深远。儒家思想长期被古代封建统治者视为正统思想，其对景观设计的影响也较突出政治性、礼制性和秩序感。通常认为儒家思想在景观建筑等领域特别突出"中庸之道"，礼制性大于艺术性，但不得不承认"中庸"的思想也赋予了中国古典景观"中"的意义和表现形式：轴线对称、注重均衡。儒家思想对景观设计另一个重要影响就是"和"的概念，"和"与"合"相通，注重景观整体的和谐统一。

首先，儒家思想在景观设计中主要将"礼"的制度性贯穿在景观设计中。我们今天可以在皇家宫殿、宗庙祭坛等礼制建筑群中清楚看到，古代封建统治者是如何通过景观环境来营造君王的威仪和不同等级的秩序感的。北京城的中轴线规划就是一个典型的古代礼制的设计。北京城中轴线，是指北京自元大都、明清以来北京城市东西对称布局的对称轴，北京城的很多建筑物位于此条轴线上，或沿此轴线对称坐落。明清北京城的中轴线南起永定门，北至钟鼓楼，直线距离长约7.8公里，汇聚了中国古代传统建筑的精髓。建立中轴线，目的是强调封建帝王的中心地位，"居中为尊"，北京有了这条中轴线，如同城市有了脊梁。北京城的规划设计在城市最中心设置紫禁城，外面是皇城，皇城再被"内城"包围，北京南部的"外城"由普通百姓居住。北京的中轴线从南到北串连起永定门、正阳门、天安门、太和殿、景山、鼓楼、钟楼，又将外城、皇城和内城串联起来，中轴线上的建筑平衡对称、高低有别、错落有致，形成了一幅独有的壮美画卷；沿着北京中轴线，左面为太庙，右面为社稷坛；前面是朝廷，后面为市场，即"左祖右社""前朝后市"，因此在城市布局上成为世界上最辉煌的城市之一。建筑大师梁思成曾这样赞美北京城中的中轴线"一根长达八公里、全世界最长也是最伟大的南北中轴线穿过全城，北京独有的壮美秩序就由这条中轴的建立而产生"。

其次，儒家思想在景观设计中还常体现士大夫阶层的入世思想，常常体现在"以诗言志""以景言志"。如岳阳楼、滕王阁、黄鹤楼等景观随着文人墨客的一首首忧国忧民、感叹抱负才华未能得到施展的吟咏，将经典诗篇与景观建筑融合在了一起。孔子曰："君子登高必赋。"登高可望远，望远而致深思。古往今来，文人墨客就喜欢登高望远，抒发他们郁结于胸中的缕缕幽思，或是游子思乡，或是凌云壮志，或是文人悲歌。同样一座岳阳楼，李白登临后作《与夏十二登岳阳楼》、杜甫也曾作《登岳阳楼》，而范仲淹更是在《岳阳楼记》中留下了"先天下之忧而忧，后天下之乐而乐"的千古名句。

最后，在儒家思想影响下，中国传统景观文化注重"比德"思想。中国传统景观设计，特别是古典园林设计，特别强调寓情于景、情景交融，寓意于物、以物比德。中国古人常把审美对象（主要是自然山水）看作具有高尚品德、高洁情操的象征和寄托，将人的内在精神与外在物象相比喻、相呼应。"仁者乐山，智者乐水"是儒家思想对传统景观关照时投射的典型心理。在中国传统文化中，还有很多文化象征符号，在景观设计中大量应用这些文化象征符号，来表达设计者的构思意图。比如，"梅兰竹菊"四君子，每一种植物都是一种高洁品格的代表。竹子中空象征谦虚，有节象征气节，挺拔象征风骨。竹子得到中国文人的广泛喜爱，扬州有一座私家园林"个园"就以竹子闻名。

道家是先秦诸子百家中的一个学派。先秦思想家老子和庄子先后开创和发展了道家思想，后人常以"老庄"来代称道家的学术派别。胡适曾对道家思想做了高度的概括：自然变化的宇宙观，善生保真的人生观，放任无为的政治观。简而言之，道家思想的宇宙观认为道的根本是"无为"，道能生发出自然万物，人与自然相比如此渺小，更应顺其自然，秉持"无为"的人生观，以达到人与自然万物的和谐，而非对立和破坏。道家的"无为"实际上就是追求人与自然、宇宙合一的精神，也是中国艺术精神的基本特征。

庄子在老子的"无为"基础上，追求精神自由和解放，这种自由是真正的精神层面的自由，即摆脱世俗束缚和羁绊，达到精神的"逍遥游"。这些思想观念极大影响了中国文人几千年来对艺术境界的追求。

道家崇尚自然朴素，追求逍遥自由，浪漫主义色彩极强。与儒家思想相比，道家思想对中国传统景观设计影响更加深远，不仅表现在中国古典园林的哲学思想，也表现在中国古典园林的设计方法和技巧上。

道家思想直接影响了我国传统景观的自然设计观。老子的名言之一是"天地有大美而不言"，自然才是最美的。大自然本身无比广阔，大象无形，但自然在无形中造就了一切。而中国古典园林之所以崇尚、追求自然境界，实际上就是对"道"的追求。所以古典园林就特别强调"虽由人作，宛自天成"的设计理念，虽然是人工造园，但要效法自然山水之感，使园林景观宛如自然天成一般，中国古典园林又被称作"山水园林"，其中体现的是中国艺术对人与天地、宇宙的沟通和自由精神的追求。

在道家神仙方术思想影响下，中国古代的园林景观，特别是皇家园林特别喜欢"一水三山"的母题，以模仿大海和海上的仙山，并使之最终成为中国一种景观时空形态。

在具体设计手法上，道家思想也为景观意境和空间的创造提供了理论基础和方法论。如《道德经》中的"埏埴以为器，当其无，有器之用。凿户牖以为室，当其无，有室之用"。强调有和无之间相辅相成的关系，特别强调了"无"在空间中的重要作用。

道家思想的另一组概念是"实"与"虚"。道家强调虚实相生，所谓"虚以涵容，静为动始"。而且中国古典园林特别强调的"意境"恰恰体现道家的"虚静观"。受此影响，园林形成了避直求曲、贵柔尚静的风格。在中国古典园林中特别强调曲折和延绵，强调藏与露、动与静、虚与实的对应关系。在园林中建筑、山石、水景、花木互相遮掩、映衬、借景，在虚实之间营造无限意境。

总体而言，道家崇尚自然，逍遥虚静；主张无为顺应，朴质贵清，淡泊自由，浪漫飘逸；提倡道法自然，无所不容，自然无为，与自然和谐相处。在中国古典园林景观中，江南私家园林对道家思想的表现尤为突出。从园林的立意、题名开始就蕴含着浓厚的道家隐逸气息，如网师园有"鱼隐"之意，退思园也有归隐之意；苏州、扬州、杭州、无锡、南京等地都有大量的私家园林，留下了众多的园林景观设计范例。虽然江南私家园林没有皇家园林广阔的面积和恢宏的气势，但在有限空间营造变化景观，曲径通幽、疏密错落、变化层次等诸多妙处实难胜数。

为今天的景观设计留下了充满奥秘的资源宝库。

从魏晋南北朝开始中国古代景观设计就开始受到佛教文化的影响。禅宗与寺庙园林都是佛教中国化的产物，寺庙园林则是秉承佛教精神的中国僧侣的理想天堂。唐代佛教禅宗兴盛，寺庙建筑融于自然山水，成为当时风景园林的主要形态，这一时期形成了佛教四大名山——峨眉山、五台山、普陀山、九华山，"天下名山僧占多"，它们既是佛教圣地，又有人间美景。寺院不只满足宗教信仰活动的需要，还满足人们的游赏和文化交流，并有公园的作用。唐朝的文人常与僧人交往，并于寺庙中游览、题名、吟诗作赋、设宴及品茗等，这些文化活动刺激了寺庙园林环境的发展。佛教思想与文学艺术的交融明显，文人甚至直接或间接参与园林设计、规划，在其审美意识和情趣中融入禅的境界。中国古代景观设计中的雅静追求，正是文人对佛家禅意所蕴含的人生情趣的追求。

（二）西方景观文化概述

西方景观发展的内在思想渊源与我国传统文化完全是两种路径，中国古典景观更偏重自然，西方古典景观发展更注重秩序与人工。从古希腊开始，西方的景观设计就充满了严格的几何关系，景观环境一望可知是纯人工打造的，强调秩序的美和人工的美。纵观西方景观的思想渊源，总体注重理性思维，德国哲学家黑格尔就有一个著名的定义"美是理念的感性显现"。这种理性思维直接影响了西方的整个文艺界，包括景观设计。建筑师、造园师尤为注重比例和构成，西方人一直用数学方式来寻找最美的线条、最美的比例，从毕达哥拉斯学派的"黄金分割"比例，到20世纪初的构成艺术，2000多年来西方人一直醉心于研究比例和均衡之间的法则。

如同任何钟摆都不可能永远只朝向一个方向，西方景观文化也受感性思潮的影响，在感性的维度积蓄足够的力量后，又荡回理性。中世纪时期基督教神学占上风，极大地影响了当时的景观建筑营造。中世纪之后，又迎来了人类人本主义的思潮，较为理性的文艺复兴时代到来，人们开始复兴古希腊、罗马时期的艺术，从神秘的基督教中抽离，去探索更加理性的古典风格。文艺复兴后，马上又迎来极其具有戏剧性的、非理性的巴洛克和洛可可时代，这些充斥着浪漫、动感的线形又展现了宗教和人的情感、意志和欲望。在工业革命之后，以现代主义为代表的高度理性，甚至机械性的风格占了绝对上风，一直影响了世界三分之二的天际线，毋庸置疑，景观设计也充斥着这种现代主义风格。

西方学者在反复研究高度抽象、逻辑性的理性思潮的同时，也在关注人的内在价值。以胡塞尔为代表的一批哲学家、思想家认为，20 世纪应该研究人的生活，这个世界的意义是因为人的活动而被赋予的，所以应该研究人的自我价值问题。胡塞尔通过对心理主义、自然主义、历史主义和世界观哲学的批判试图建立严密的科学哲学，并用现象学还原的方法对自我进行还原，从而找到了人生价值和意义的根基——先验自我。他主张 20 世纪的思想家应主动返回生活世界，以人为中心，揭示这个世界的意义，拯救自我，重塑自我。胡塞尔的这一观点，为 20 世纪的文化回归生活世界，为 20 世纪的文化弘扬人、弘扬个体、弘扬自我奠定了基调。在胡塞尔的现象学影响下，很多艺术家和设计师开始用另一种眼光审视艺术表现，如毕加索，开始用经验去分析现象，用全新的视角表现世界。胡塞尔的学生海德格尔将现象学发展到存在主义，探讨人的存在状态和价值，咏叹一种"诗意地栖居"。

19 世纪中叶以来，科学技术是文化的重要组成部分，科技影响了人类文明，为人类生活带来前所未有的便利，同时也带来负面效应。在这种背景下，西方的现代景观理论兴起了。

现代景观的开端来自美国著名的景观规划师奥姆斯特德及其追随者在一系列城市公园系统的规划设计中倡导的自然主义，奥姆斯特德在 1857 年到 1895 年的实践中，参与了大约一百个公园、游憩地和风景保留地的设计。他对自然风景园极为推崇，运用这一园林形式，他于 1857 年在曼哈顿规划之初就在其核心部位设计了长 2 英里、宽 0.5 英里的巨大城市绿肺——中央公园。体现出设计者超前的意识，对城市环境的改善有着重大意义。

在奥姆斯特德的思想中，不仅仅是对自然主义的崇尚，其城市公园的设计思想中为公众服务是设计的目标，和以往的景观设计不同，城市公园是大尺度的和公共的城市空间，为市民提供了一个交往和游憩场所。奥姆斯特德的很多作品都是建立在"社区"概念基础上的。社区的安宁与幸福一直是其首要关注的问题，他希望通过公园和游憩场所的设计，使之成为城市居民交往的场所，以此来促进社区形成。通过规划永久的住区交往场所来创造社区是其规划生涯中一个永恒主题。

现代主义观念也不可避免地影响了景观设计，现代主义对景观设计最积极的贡献是人为功能是设计的起点。美国的"哈佛革命"使现代景观设计摆脱了追求美丽的图案或风景画式的设计风格，而更注重与场地等现状条件相适应及空间的功能作用，使景观设计具有理性和更大的创作自由。正如"哈佛革命"三人之一的罗斯所说："地面形式从空间的划分中发展而来……空间，而不是风格，是景观设计中真正的范畴。""哈佛革命"的主要人物艾克伯和克雷在其设计实践中同样也秉持现代主义的初衷。艾克伯认为空间是景观设计的目标，同时强调景观设计中的社会尺度，强调景观在公共生活中的作用。

后现代主义以非理性反对现代主义的理性思维，强调多元化和个人创造性，宣扬个性解放和文化的大众化，在后现代主义的激励下，景观设计者在艺术表现和风格创新上做了大量探索。许多的景观作品，如摩尔设计的新奥尔良意大利广场是典型的后现景观作品，复古、拼贴、隐喻和诙谐的元素在其设计中表现得淋漓尽致。在景观设计领域，施瓦茨（Martha Schwartz）设计的面包圈花园被认为是美国典型的后现代景观。

二、中西景观设计的创意目标指向

曾几何时，我们今天司空见惯的一切，在其诞生之时，都是当时"创意"的典范。我们研究"创意"的时候，不能忘记回溯历史，探查不同时期的世界各种文明是如何在当时以人类的全部智慧和财富，来进行充满创造力的景观设计伟业的。而且，任何伟大的建筑或景观都是各个国家和民族在一定历史时期特殊的思想意识、价值观念的反映。简而言之，人们不会无缘无故地设计景观建筑，它们的背后总有或明示或暗喻的思想渊源。

古希腊的雅典卫城是为庆祝古希腊与波斯的战争胜利而建造的，首先，是为了纪念反侵略战争的胜利和体现雅典在古希腊城邦联盟中的霸主地位；其次，是为了将雅典卫城建设成全希腊最重要的圣地、宗教和文化中心，吸引人们前来，以使雅典更加繁荣；再次，是为了给各行各业的自由民工匠以足够的工作机会，建设中限定使用奴隶的数量不能超过25%；最后，感谢守护神雅典娜保佑雅典在艰苦卓绝的反波斯入侵战争中赢得了伟大的辉煌的胜利。

西汉初建时萧何主持修建未央宫，立东阙、北阙、武库、大仓。汉高祖刘邦见其壮丽，甚怒，谓何曰："天下汹汹（扰攘不安），劳苦数岁，成败未可知，是何治宫室过度也？"何曰："……且夫天子以四海为家，非壮丽无以重威，且无令后世有以加也"。[①]萧何的回答意思是说"正因为天下尚未十分安定，才可以乘机建造宫室。况且天子占有四海之地，不如此不足以体现天子的威严。建造得壮丽一些，可以叫后代永远无法超越它。"刘邦听取了萧何的建议，从一片战乱的凋敝中开始营建气势恢宏的汉家宫室，继而不断巩固汉家天下。虽然我们今天只能从建筑的遗迹，如瓦当、柱础中遥想当年，但依然可以从庞大的宫室体量中感受汉帝国的风云岁月。

位于好莱坞大道上的中国剧院（Grauman's Chinese Theatre）位于好莱坞星光大道的核心位置，是好莱坞最著名的景点之一，也是全美国最著名的影院。其创立者是拥有美国"好莱坞先生""剧院之王"称号的西德尼·格劳曼（Sid Grauman），在好莱坞电影行业突飞猛进的时代，他想在此建造一座最豪华、最能代表电影工业的梦幻、神秘和超乎想象的影院。经过董事会短时间的讨论，决定以"China"为剧院的名称，因为"中国"最符合格劳曼先生的构想：表现出电影工业的造梦机制——营造出超越时间、超越空间的梦幻时空，无尽的想象和神秘感。西方人从接触到马可·波罗的游记开始，就对遥远神秘的东方大国中国存有巨大憧憬，在《马可·波罗游记》中，中国是最富有的东方古国，国土辽阔、物产丰富，虽然很多记载如同天方夜谭，但是激发了无数人对东方中国的向往。电影工业就是这样的造梦机器，电影院就是呈现这样的梦想的地方，中国剧院确实达到了格劳曼先生的理念构想。

中国剧院于1927年5月开幕，整体风格为当时最流行的、豪华的装饰艺术运动风格，设计主题从电影院的名称出发，以"中国"为概念，从电影院的整体

---

① 解缙. 永乐大典 [M]. 北京：线装书局，2016.

建筑外观到内部装饰，都充分运用了中国式的图案、色彩等元素，虽然有些元素经过西方的歪曲化理解已经有些走形，但总体的设计感觉使人一望可知——它来自中国。中国剧院的整体外观虽然不是正宗的中式建筑外观，但是对于20世纪20年代的设计师来说，已经煞费苦心地尽量模拟中国的宫殿顶建筑了，而且剧院入口的正立面采用了青铜绿、大红、古铜和金黄的配色，但是与传统中式屋顶不同的是，中国剧院的屋顶如同被向上拉扯了一番，青铜颜色的屋顶高入云霄，而且通常在中式屋顶屋脊设置垂吻兽首的位置，也改为火焰状的冲向天空的装饰配件。剧院大门的入口处放置了一个中式亭子元素加以变形的青铜材质屋顶装饰，而且入口上部中心位置是一幅巨大的龙图案的浮雕装饰壁画，这条龙腾云驾雾、威风无比，与传统中国龙图腾的神形不同，这条龙更显得妖气十足，浑身长满尖锐的长刺，不可靠近、不可亵玩，毕竟西方人眼中的"龙"与中国人心目中的"龙"并不是一个概念，西方传说和神话中更多地把龙描述成邪恶的神奇动物，而不是我们中国意义上的呼风唤雨的神灵。如果列举其他与正宗中国风不同的地方，更明显的就是剧院正立面左右分布的四座方尖碑装饰物，不得不说，设计师确实用心良苦地找到了不少恰当且极具真正中国文化特色的装饰图案，比如来自山东嘉祥武梁祠（伍氏祠）的东汉时代的画像砖图案：神仙力士、车马出行、宴饮攻战、荆轲刺秦王等表现忠勇烈士的历史故事。

戏院内部也以"中国"为主题而展开设计。模仿中国古建筑藻井的天花板（当然也是西方眼光加工版），大堂的火焰与东方神兽的组合雕塑，中式戏剧舞台风格的电影舞台和幕布装饰，墙壁、包厢的中式元素点缀……加上装饰艺术运动的规则性、动感有力的线条，和中式红、绿、蓝加上各种贵金属色泽，充分体现了中国文化艺术的特色和剧院设计的创意初衷：代表电影超越时空的造梦强大能力和无限可能性。

在过去的近70年中，很多好莱坞大片曾在这里举行首映式，有世界级艺术家和好莱坞大腕都在中国剧院的舞台上进行过演出，这里也不止一次举办过奥斯卡颁奖仪式，每年还有数以百万计的观众和游客来到这里观摩演出或参观，中国剧院已成为洛杉矶、加州乃至美国不可替代的招揽观光客的重要景点。

上海的石库门建筑，是一种融汇了西方文化和中国传统民居特点的、具中国特色的居民住宅。19世纪五六十年代，由于人口的迅速增加对住宅需要急剧增多，过去造型考究中西合璧的围合式院落住宅，转变为简约的单进围合院落，中西合璧的石库门住宅应运而生。这种建筑大量吸收了江南地区民居的式样，以石头做门框，以乌漆实心厚木做门扇，这种建筑因此得名"石库门"。汉语中把围束的圈叫作"箍"，如"金箍棒"，"箍桶""袖箍"（袖标）。这种用石条围束门的建筑被叫作"石箍门"，后因语音流变被称为"石库门"。石库门建筑的门楣部分是最为精彩的部分，装饰最为丰富。在早期石库门中，门楣常模仿江南传统建筑的仪门砖雕。后期受到西方建筑风格的影响，常用欧式几何形的装饰，类似西式的山花门楣装饰。石库门建筑逐步成了上海传统弄堂住宅的标志。

老式石库门建筑更接近江南传统的二层楼的三合院或四合院形式，保持着正当规整的客堂、内室和两厢。20世纪初期为了减少占地面积、节省建筑用材，新式石库门出现。新式石库门大多采用单开间或双开间，还缩小了居室的进深，降低了楼层和围墙的高度。20世纪30年代后，石库门开始逐步沦为城市下层居民的栖身之所。

属于上海老城区的太平桥地段，就是典型的、人口密集的石库门居住区。仅仅在太平桥北里这个面积不到2公顷的地块上，就有15个纵横交错的里弄，密布着三万平方米的危房旧屋。这些砖木结构的房屋很多里面的木头都已经糟朽，因为房屋密度大且上海本身空气湿度较高，室内潮气很重，很多砖结构也老化严重，这片居住区到了必须改造的时候了。整个新天地改造是将此地块作为融商业和旅游功能于一体的景观设计，在保护周边环境的同时延展了体验式商业街区。新天地打造了一个上海的新地标，建立了一个新的城市中心。整个新天地在老巷弄的中间拆除了一部分，改建为南北向的长条形广场，作为公共空间，是此地块的中心；南里拆除部分老建筑，修建一座新的商业中心；北里将中共一大会址放在最远端，作为红色旅游景观与对面的商业区相对，既相互呼应又凸显其重要地位。上海新天地将旧城改造转变为商业和旅游价值极强的城市创意景观，作为上海的新名片。

我们从以上案例可以看出，古往今来的中西景观设计，到了今天，都成了旅游者喜欢的景观，因为它们能代表一种文化、一种风格的典型性，能够为旅游者展开一卷让人无限神往的历史文化图景。

三、旅游景观设计的创意目标

旅游景观与一般的景观相比较，最大的不同在于其针对的目标群体指向性特别强，就是要吸引旅游者，满足旅游者的游乐需要。那么中西方景观创意设计虽然有不同地点思想渊源，但是其最终的创意目标，依然有一致性，就是为旅游者呈现最具审美性和体验性的旅游景观。

现代旅游者需要的旅游景观设计创意是什么？国内外的旅游者都有一个共同心愿，就是到一个特别的地方进行一次独特的旅行。很多热爱旅游的旅游者已经去过很多知名的旅游目的地，旅游者们都会以自己的方式到达他们向往的旅游地。不管他们去了多少地方，如果条件允许，那么他们还是会踏上新的行程，继续追寻下一个独特的旅游景观。旅游景观具有的最吸引旅游者的特点之一，就是它们足够独特。

我们在对旅游景观进行创意设计中追求的首要目标，也是旅游者选择旅游目的地时追求的首要目标，就是要有景观的差异性，这种差异最突出的表现就是要使旅游景观具有独特、鲜明的文化体验。旅游景观中的创意设计就是要创造差异性和典型性，创意设计使旅游景观呈现出一种鲜活的独特魅力，吸引旅游者的到来。

过去旅游者要在旅游中追求差异化的环境，选择适合自己喜好的旅游目的地是比较容易的事，只要远离日常生活的地区，到远方去，总会迎来一个具有较大差异的地方。对于国土面积广大的中国来说，在距离中找差异确实存在，因为"十里不同音，百里不同俗"，东西南北中，气候、地貌、物产、风俗各有不同。现在，我们要设计更加有创意的旅游景观，让旅游者在长期居住地不远的地域环境中就可以找到与日常生活足够不同、有足够差异的"远方"。

四川地区发达的"农家乐"，就是城市与田园近在咫尺，却可以为旅游者提供理想旅游世界的典型案例。"农家乐"起源于成都郫（现为郫都区）农科村。

1987 年农科村花木种植户为了方便接待花木交易客商，利用宅基地和花木院落，添置一些简易的接待设施，接待客商用餐和休息。在此基础上，逐步引入旅游服务理念，完善旅游接待设施，面向成都市民开辟了农业观光、游览、休闲等项目，形成了"农家乐"旅游的雏形。

成都附近的"农家乐"经过规范化的发展，已经达到国家级风景区的景观水平、星级酒店的住宿条件、中西各色美食汇聚、传统时尚多种风格可选的度假休闲旅游景观。在成都周边的"农家乐"，其实就是建设在乡村的旅游度假基地。在这里，旅游者不仅可以感受农家的耕种和养殖等田园生活，更可以感受各种都市小资情调。成都周边的农家乐从景观风格上看，有各种异国情调的、文艺小清新的、借鉴其他热门旅游地的（如成都周边的农家乐有好多模仿"丽江"风情的）、适合拍照打卡凹造型的、花园植物园采摘园的、冒险手游、网游等游戏风的，总之无限创意在其中。

我们从这些"农家乐"的起名中就可以感受到这些景观的设计创意了，比如"读花听草花园生活馆""隐约""何去""屋顶上的樱园"等，这些旅游景观足以点缀成都人对慢生活的向往和追求了。因为它们为来自城市的旅游者提供了极大的、有明显差异化的旅游选择。

第三节　旅游主体的创意召唤

一、创意旅游景观与旅游主体的关系

（一）旅游主体在旅游景观中实现主体地位

旅游者在旅游活动中处于主体地位，旅游景观是旅游活动开展的客体。旅游者的一切旅游活动都在旅游景观中展开。

旅游者的旅游活动具有各种各样的动机。

动机之一，为了增长见闻。所谓"行万里路，读万卷书"。人们通过旅游，亲身体验各种景物，满足人们猎奇的需求，增长了知识。如到欧洲去领略豪华的王室宫殿——凡尔赛宫、卢浮宫，感受神秘庄重的宗教气氛，众多的哥特式教堂建筑等。

动机之二，是为了愉悦感情、解压遣怀。大自然的美景能使人心情舒畅，增强热爱生活、积极向上的情感，通过领略自然的崇高壮阔，旅游者在感觉自身渺小的同时，纷杂的烦恼也随之烟消云散。正所谓"会当凌绝顶，一览众山小"。在登临名山、玩转主题乐园、挑战极限运动时，旅游者感受对自身能力的挑战和超越、对澎湃的自然伟力和生命激情的感喟崇敬，萌发新的生命期待和活力。

动机之三，是为了感悟人生。通过游览名胜古迹、红色文化和爱国主义教育基地，往往能使我们体味到历史的风云变幻、革命先辈的艰难历程和奋斗经历，通过这段旅程，也会使自己的人生理想和价值目标有新的定位。

动机之四，是为了体验另一种生活。人们总是向往体验自己未曾经历过的生活，感受另一种氛围和情调。如生活在南方的人在冬天到东北雪乡、冰城去感受一下严寒，去坐坐雪橇、滑滑雪，而北方的人到海南岛去感受椰风海韵、去三亚游泳冲浪。除此之外，品尝旅游地的特色美食、观看民俗表演等，都是对另一种生活的体验。在与日常场景的巨大差异转化和体验中，旅游者开拓了自己的生命领域。

动机之五，是磨炼意志、锻炼身体。有的旅游完全是在体验自然风光、人文历史之余达到锤炼意志、锻炼身体的目的。如西班牙圣地亚哥朝圣之旅，意大利的海岸徒步道"蓝色小径"，夏威夷的卡拉劳步道……这些徒步旅游线路可以使旅游者在美丽的景色中完成陶冶身心的锻炼体验。

创意旅游景观与其他旅游景观相比，更容易突出旅游者的主体地位。虽然旅游者一直是旅游活动的主体，但是并不一定具有特别强的主体性。过去的团队旅游或个人旅游，由于旅游业、大众交通、出行信息等因素的限制，很多旅游者对旅游景观的选择是有限的。但在今天这样一个信息化时代，旅游者不论动机如何，都可以根据自己的实际情况、需求和喜好，自主搜索、选择自己的旅游目的地。创意旅游景观所具有的文化性、主题性与故事性、情趣性、符号性等特征，更需要旅游主体运用自身的知识经验去观察、思考和参与，所以，创意旅游景观使旅游者具有更大的主体地位。

（二）旅游景观为旅游主体提供自由的环境

人类具有游戏的本能，一方面是因为人类具有过剩的精力，另一方面是人将这种过剩的精力运用到没有实际效用、没有功利目的的活动中，体现为一种自由的"游戏"。有一种说法，认为人类的游戏本能创造了最早的艺术。18世纪德国哲学家席勒在他的《美育书简》中提出，人的感性冲动和理性冲动，必须通过游戏冲动才能有机地协调起来。人总想利用自己过剩的精力，来创造一个自由的天地。我们从这种关于艺术起源讨论的"游戏说"中就能理解，现代人为何热爱旅游。

旅游刚诞生的时候，其实是有功利性的，旅游最初是为了开拓生存空间、获得生存资源的劳作性旅行，后来发展为巡视旅行、商贾旅行、游学旅行等，无不带有明确的功利色彩。但是随着旅游在现代社会的发展，旅游开始变得与游戏一样，并没有实际上的功利目的，因为它们并不是维持生活必需的活动。旅游摆脱了物质的羁绊，开始容纳更多文化和审美的内容。现代人的旅游就是为了放松、游憩，很多现代都市居民的假期，如果条件允许，有些人就是要换个地方走走看看。人们选择一个风景如画、人文丰富的景观进行游览，这种活动对于人来说甚至是一种反功利的行为，因为人们要付出时间和金钱，有时甚至是大量的金钱。但是现代人的生活中越来越离不开旅游，一方面它和游戏一样，给人以发泄过剩的精力的机会，另一方面它能给人暂时性的、但又是完全脱离日常的生活区域，来到另一个与日常完全不同的旅游空间中，感受另一种生活体验，这样的旅游使现代人在付出时间和金钱的同时，收获了宝贵的自由。在旅游环境中，人可以暂时抛却日常的压力，通过审美、休闲等活动使人转换生活的轨迹，发掘自己的主动性和适应能力，去开拓生活的新领域，尤其是发展自身的精神领域，使人的生活更精彩、欢快、浪漫而多彩，使人生更有意义。

旅游使人们日常为了求生存的单一、重复、琐碎的生活，变为一种具有改变、创新和超越性质的旅程。旅游从古代以来的劳作性旅游向今天的文化性旅游发展，表明旅游主体从求生意志向自由意志的超越。从哲学领域来理解"自由"的内涵，一般认为人们在一定领域熟练掌握规律，或能够认识和掌握事物发展规律并能自觉运用到实践中去就是自由。如果旅游者来到一个远离日常生活的陌生环境中，能够依靠自身的能力应对旅游目的地陌生环境中带来的生存挑战，并能战胜陌生环境带来的种种困难，在旅游景观中发现美、发现趣味、发现智慧，这就是超越环境局限的自我飞跃。

二、旅游主体的文化召唤

如果我们将旅游看作一种文化传播行为，那么旅游经营者、旅游景观的规划设计者就是传者，旅游景观就是媒介，旅游者就是受众。旅游景观的规划设计者和旅游者之间通过旅游景观构成一个传播链条，而旅游者和旅游景观之间是一种非常直接的传播关系。

旅游的动机和目的千差万别，也可能是出于多种动机，但不管怎样，要想提高旅游质量，必须有一定的知识储备，要有一定的地理、地质、历史、宗教、文学、美学、建筑、园林等相关方面的知识，到达旅游目的地后才能真正融入和读懂旅游景观呈现出的文化图景，才会收获有效体验。如果我们不带任何储备去旅游，那么可能降低旅游体验，或者会影响旅游的效能。比如，我们没有任何准备就出发参观西夏王陵，可能留下的印象就是一座小土丘；再比如，我们来到阳关遗址，如果没有对汉唐历史的基本了解，那残垣会让人失望不已。

旅游是人类跨文明的交往和学习。旅游使人类获得异质的文化，增长见识、增加人生的感悟。在信息社会中，旅游者可以获得海量资讯，过去很多令人惊奇的事物，到今天已经习以为常。但是，今天的旅游者比以往任何时候都更想要了解更多、更远的旅游目的地，以扩展自己潜在的生活视野。而且，今天的旅游者更期待具有足够差异性的旅游景观，为自己带来更多愉快和惊喜。

旅游主体对旅游景观的文化召唤主要有四个方面。

第一，是对审美的召唤。审美是旅游者对旅游景观的普遍要求，也是基本要求之一。审美本身就是人类的文化特质，人对美的景观的追求自人类诞生时就产生了。人们观赏自然的林泉山泽、鸟语花香，也欣赏建筑的美轮美奂、巍峨壮观。最受旅游者欢迎的旅游景观，除少数特殊建设目的的景观外，绝大多数都是当地最具审美性的景观。如果不具备审美的特征基本可以从旅游景观的名单中除去。

旅游景观中的餐饮、购物、交通设施、酒店等都具有审美性。比如，莫斯科地铁站、巴黎地铁站入口、北京大兴国际机场、纽约的中央火车站等，既是交通枢纽，又是旅游景观。

第二，是对新知的召唤。人类本身就具有求知欲和好奇心，旅游者通常对带有巨大差异性的异域文化非常感兴趣，在跨文化的碰撞中，旅游者从旅游地会获得当地的自然风光、风土人情、社会经济等各个文化领域的知识。而且通常因为对新知的憧憬，旅游者在旅游景观中会更加带着足够的好奇心来了解陌生的环境。在日常生活的城市，我们走过一条陌生的街道，往往步履匆匆不会特别注意这条街道上的景观环境；但是如果我们走在旅游目的地的景观环境中就会不一样了，旅游者会如同自带雷达的信号接收器一样变身为"观察家"，充分发掘旅游景观的特色，并将这些特色记在心里。而且，良好的旅游景观更容易激发旅游者丰富的联想和想象，产生新的文化创造。

第三，是怀旧的召唤。人本能地逝去的光阴、过去的历史所代表的美好岁月有一种怀念的情感。中外古人都因"去国怀想"之情而引发了大量的感叹，留下了很多动人的诗篇，引发今人的联想、感动和赞叹。怀旧是指对过去发生过的事情的失落感，曾经人们无比熟悉的事物，因为时代的变迁而成为记忆的符号，这种符号带有强烈的象征性和情感寄托。比如，国内乡村旅游中常见的"青年点"场景设计，就是纪念一代人轰轰烈烈的青春年华；20世纪的80、90年代，作为我国改革开放刚起步、中国经济逐步迈向腾飞、社会快速发展的年代，也是现今中国社会中坚力量的30—40岁年龄层群里的童年、少年最宝贵的青葱年代，同样是经常出现的旅游景观的场景设计；还有对即将淘汰的过去工业符号，如不动的蒸汽火车、落魄的厂矿、废弃的高炉，在世界各国都在通过棕地改造等项目使之再次焕发生机。

因为人们的年龄、生活和教育等背景的不同，怀旧的层次、范围、目标对象各不相同。人们可以怀念逝去的亲身经历的岁月，也可以追思遥远的历史。人们在各种历史景观中遥想曾经出现过的盛世繁华、伟大的历史人物、名垂青史的功绩伟业……还有很多有怀旧情结的旅游者，从个体的经历、生活轨迹回溯过往，或追寻祖先的足迹、寻根问祖等。年代或历史记忆在旅游景观中的符号使用和场景呈现，特别容易激发旅游者的情感认同。

　　第四，是价值观的召唤。简单地理解"价值观"就是什么是值得的，是人们显性或隐性的价值追求，深刻影响人们的行为和选择。对于集体、民族、国家而言，价值观是凝聚人心的内核。"一个民族所共同接受并遵从的价值观，集中地代表了这个民族的文化精神，同时也是这个民族团结凝聚力的重要纽带。"[①] 在艺术和设计中，我们也能够看到价值观的体现。国内少数民族聚居地区一直都非常受国内外旅游者的青睐，其少数民族的建筑、服装、工艺品、音乐、舞蹈等折射出不同的文化价值追求。比如，我国朝鲜族景观中的朴素自然、追求原始稚拙的状态，不同于现代工业社会的机械，也不同于消费时代的奢华，其中的自然朴实、生活之美和大胆诙谐等，散发着独特的魅力。

　　一方面，今天的旅游主体有些曾受过相当程度的教育，具有一定的文化水平，现在的旅游景观也不再是过去特权把持下的贵族化、精英化的代表物；另一方面，较易被创意旅游景观吸引的旅游者能够欣赏和接受文化创意、对创意旅游景观或文化旅游景观感兴趣。创意旅游景观中包括博物馆、展览馆、艺术馆、文娱用品经销场所、艺术节、展销会等，在这些景观中常常充斥着大量的文化符号，很多喜欢这些文化符号的旅游者会主动关注这类旅游景观的信息，积极地游览，甚至参与到这些文化景观之中，去理解、分析、重构这些文化创意符号，并吸收这些创意为自己所用。毕竟，"旅游景观是景观中的一个分支，对于旅游者来说，旅游景观最重要的功能就是可被欣赏，达到愉悦身心、开阔眼界、增长见识的目的。"[②] 旅游者通过在创意旅游景观中的沉浸，会获得极大的满足感和成就感。

三、作为"受众"的旅游主体

（一）决策者为中心的景观设计时代

　　旅游主体作为旅游景观的"受众"，在旅游景观设计中的地位并不是一成不变的。

---

①　迟慧 . 朝鲜族设计文化价值观研究 [J]. 艺术品鉴，2017（6）：49.

②　迟慧 . 朝鲜族旅游景观的审美特色 [J]. 艺术与设计，2013, 2（10）：96-97.

在人类景观设计的历史上，除了自然、地理条件会限制和影响景观样貌的形成，人类本身的意图也会影响景观。曾经很长时间内景观的风格形式、设计主题等是由景观的拥有者、规划者和设计者决定的，他们的喜好和愿景会直接作用于景观。我们今天看到的历史文化景观（基本上都属于旅游景观的范畴），不论是宫殿、庙宇、教堂、陵墓、石窟，还是城垣、广场、园林、庭院、别墅等，基本上都是创立者、统治者、经营者、维护者或使用者的思想意识影响下的产物。

法国18世纪末、19世纪初伟大的军事家、政治家拿破仑，他在1804年加冕为皇帝，成为法兰西第一帝国的缔造者。作为军人出身的统治者，他想要一种能代表军人力量的建筑风格，可以彰显他的军事政权的强大和稳固，于是他从历史中溯源，选择了将古罗马时期的风格应用到自己的建筑设计之中，主要借鉴了古罗马时期的拱券结构作为设计符号，如凯旋门、玛德琳教堂等。而英国在同一历史时期更倾向于复兴古希腊风格，如不列颠博物馆、英格兰银行等，因为英国人很早就实行了议会制度，英国人更喜欢用古代奴隶制民主制度的标杆——古希腊的风格元素来构成自己的建筑，如古希腊神庙一般的三角楣和多立克柱式是英国新古典主义建筑的标配。位于大洋另一边的刚建国不久的美国，采用了三权分立的政体，更偏爱用折中主义风格来展示自己的国家特色。这一时期最典型的建筑就是美国国会大厦，将古希腊、古罗马、文艺复兴等多种风格的建筑元素混搭于一体，形成一种具有高度折中特征的建筑风格。

中国的景观遗迹也是如此。承德避暑山庄位于河北省承德市，清代属于热河省，也可称为"热河行宫"。选择在此地建造避暑山庄，是因为承德地区良好的地理和气候条件，有山脉草场、气候舒爽，适宜居住。它虽然是一座行宫，但建造目的并不是避暑。康熙皇帝修建避暑山庄，是为了方便北巡。康熙皇帝试图不断完善避暑山庄，让其成为文化大观园，增强各方依附感。而他的后继者乾隆等也为避暑山庄增添了不少新光彩。首先，避暑山庄借鉴汉人传统文化构建园林景观，引水筑台、开山掘池，营造"一池三山"式样的景观等，将传统汉人的文化思想的象征意味融汇到景观设计中。其次，避暑山庄中还营建了大量蒙古族、维吾尔族、藏族风格的建筑，最有名的就是"外八庙"。外八庙排列整齐，有八方来朝之势，凝聚着帝王期盼天下和平一统的野心。普陀宗乘之庙与布达拉宫十分相似，极具西藏特色；万树园里的蒙古包，模仿蒙古族草原生活风光。这些充分展示出清朝统治者对民族团结、天下一统的期盼。

位于天津五大道的马场道 123 号的刘冠雄故居始建于 1923 年，原是一处砖木结构的带地下室的欧式建筑。因为刘冠雄首任海军总长的特殊身份，他的住宅设计充分考虑到主人的职位职责和理想抱负，在规划设计整个住宅时以海军相关符号元素来设计住宅中的三座楼，中楼是仿造航空母舰的上层建筑，西楼是巡洋舰，北楼是望远镜。现在这三座建筑仅存北楼，整个建筑平面和立面都具有特别形象的望远镜外形特征。

在过去历史遗留下来的景观当中，"传播者"一方掌握着决策权，他们对景观设计的影响占有决定性的地位，"受众"常常是不受重视的。比如，凡尔赛宫，法王路易十四建造这种宫殿完全是为了炫耀，彰显"太阳王"的权势并作为其"怀柔"政策的一部分，不仅覆盖法国的宫廷，更将整个欧洲的宫廷吸引到其麾下。这座王宫确实华丽无比，但是它也存在着诸多不便之处。首先，凡尔赛宫选址地最初是一片沼泽，落成后这里也较为潮湿，而且这个宫殿体量过大、室内空间空旷，导致宫殿内部难以保温，据说冬季在餐厅用餐的时候，后面的菜式没有呈上、前面的菜就已经要结冰。其次，虽然这里建造的目的是要召集贵族来此朝觐、举行豪华的舞会和欢宴，但是这座宫殿却没有为来访者设置卫生间。在建立凡尔赛宫的"传播者"眼中，来到凡尔赛的"受众"最大的功能就是作为彰显至高无上王权的道具，"传播者"想要显示的"信息"仅仅就是国王的权柄，至于"受者"真正的感受，并不在他们的考虑范围。

（二）旅游主体为中心的旅游景观设计时代

现在，旅游景观的营建设计依然掌握在决策者、投资者等"把关人"的手中，但作为"受众"的旅游主体在旅游景观中的地位已经得到了极大的改变。在当今这样一个大众文化时代，旅游景观已经成为大众传播的一部分，设计师、规划者成为旅游文化的传播者，旅游者成为以旅游景观为传播载体的传播受众。任何一个旅游景观的策划者、设计师都必须正视旅游主体，将他们作为旅游活动的最主要的一部分来看待。作为旅游主体的旅游者，会影响景观建筑是否营建，景观建筑的风格、潮流的改变，还会影响景观建筑的主题。简而言之，旅游主体对旅游景观的接受度、认可度，直接决定了旅游景观设计的成败。

旅游主体在商业社会中具有一个极其有力的身份，就是消费者。没有旅游主体的光顾，就没有消费，也就没有整个旅游业。在今天，旅游者就是上帝。很多旅游从业者、景观设计人员、规划策略研究人员和机构等都在热切地研究与旅游者相关的各种信息，包括旅游者的需要、注意、认知、态度等方面，以期以旅游者为中心设计更好的旅游景观、获得更大的商业利益。

旅游主体在今天这样一个信息时代，再也不是一盘散沙的乌合之众，也不是一群仅以数量占优势、任由传媒宣传就能够轻易蛊惑的初级旅游玩家。旅游主体之间虽然没有形成紧密的群体联系，但通过大众信息网络，在互动互联的网络社群中，旅游主体作为旅游景观的受众群体相互之间的联系和影响非常紧密，并具有典型的"大众"特征。

很多旅游主体都会收听、收看和浏览如广播、电视、网站、移动媒体等多种大众媒体上的各种旅游景观信息，而且作为受众，他们还经常会在各种互联网平台反馈和发表自己的旅游心得、分享旅游信息等。旅游主体在互联网时代，已经在旅游业中占据了接近于"权利主体"的重要位置。随着生活水平的提高，人们使用大众媒体，特别是互联网和移动媒体的广泛和普遍，使旅游从小众、贵族的消费和文化行为，更快地转变为一种大众、平等的消费和文化行为。旅游在大众文化时代，已经成为一种普遍的面向大众的娱乐和生活方式，已经成为人们丰富多彩的日常生活的一部分。旅游主体具有极强的开放心态，他们乐于展示自己的经历和经验，展现自身的超越性和探索性。旅游者经常会与家人朋友分享一段有趣的旅游经历，也会如同推荐一个消费品一般去推荐一个优美而有趣的旅游景点，旅游景观成为一种大众消费品，我们会发现最受旅游者青睐的旅游景观总会人满为患，同时，成功的旅游景观也成为一种商品或商业模式，被大批量地复制、生产和建造。

我们会看到这样的怪圈：一旦一个地区拥有一个特别受欢迎的旅游景观，在周围会衍生一系列与之极其相似或相同的旅游景观；或一个地区有一个极受推崇的旅游景观，会在全国范围引起竞相模仿；而后续产生的一系列模仿性很强的相似旅游景观，一方面会引发一系列的恶性商业竞争，另一方面会使旅游者丧失新鲜感，甚至厌烦。而且这种现象屡见不鲜。

旅游景观虽然有着与商品或者消费品相类似的属性，但是他们与普通商品不同，旅游景观是一种特殊的文化商品，它具有特殊性、不可复制性的内在要求。很多普通商品，除特殊订制、特殊用途的商品外，大多数商品是允许复制的，如耐克的运动鞋、苹果的电子产品，中国的消费者和来自另一半球的消费者可以使用同款，我们不会觉得有何问题。但是我们想象一下，如果我们在国内旅游到访的一个旅游景观，与我们在美国旅游时参观过的旅游景观一模一样，作为旅游者我们会做何感想？如果我们在国内就可以游览的旅游景观，我们为什么要耗费机票、酒店，甚至比金钱更宝贵的时间成本去大洋彼岸观赏呢？即使是世界级的连锁品牌游乐场——迪士尼、环球影城主题乐园，它们在世界各地的主题乐园也会根据各个国家和地区的文化进行调整设定，并不会一模一样。旅游虽然已经逐步大众化、日常化，但是它所需要的时间、资金等综合成本依然要远远高于其他消费品。综上所述，旅游景观作为特殊的消费品，在景观设计中应尽量突出创意，才是尊重消费者的体现。为旅游者提供前所未有的旅游景观，是所有旅游景观设计从业人员的最高理想和追求。

（三）"受众"的可接受性与创意旅游景观设计

前文我们提到，将旅游主体看作是信息时代的旅游景观"受众"，来把握旅游主体与旅游景观设计的关系；同时，我们也探讨了旅游主体对旅游景观需求的特殊性，就是旅游景观要避免复制、必须具有创意。这就回到了我们研究的主题：旅游主体作为"受众"，需要有创意的旅游景观设计。

这里我们还要提到我们借用的传播学理论中的概念，就是研究传播受众领域的一个重要成果"使用与满足"。"使用与满足"研究把"受众"看作有特定需求的个体，他们对媒介接触和使用是基于特定需求动机的"使用媒介"，在对媒介的接触和使用中，受众获得了愿望的满足。我们把旅游主体看作"受众"，那么实际上，对旅游主体的旅游需求也是完全可以进行分析研究的，通过对旅游主体，也就是旅游景观受众的需求分析，我们就可以研究如何针对旅游者的需求去展开创意设计，从而设计出既能满足商业属性和文化属性，使传播者获利，又能满足旅游者需求的创意旅游景观。

我们今天的创意旅游景观设计完全可以从身边的景观开始进行尝试。投射到我们身边的地区发现，居住地周边的旅游景观可选择的范围很小，或不符合今天旅游者对旅游景观的期望。旅游主体进行旅游活动最重要的需求之一，就是审美需求和娱乐需求，如果我们生活地区附近有具有审美性和娱乐性的景观，我们何必舍近求远？对人们身边的景观、对生活居住地区附近的旅游景观进行创意设计，可以在很大程度上改善人们的生活质量，为人们的旅游增色。如果日常生活的地区附近就拥有特别美好有趣的景观，人们可以根据自己的假期和需求调整旅游的计划、开展短途游，何乐而不为？

我们充分考虑了受众对创意旅游景观需求的必要因素，我们也必须考虑受众对创意旅游景观需求的条件因素。

在今天这样一个大众传媒、移动媒体广泛普及的时代，作为"受众"的旅游主体还没有亲临一个旅游景观的时候，往往已经对旅游景观具有一定的了解和预期。与大众传播时代的一般"受众"一样，旅游主体会根据以往的知识经验、旅游景观宣传广告、大众传媒对旅游景观的宣传介绍、亲朋好友的旅游经验等，对旅游景观产生期望，这与美学领域的名词"审美的期待视野"极为相似。受众不可能不带着已有的知识背景、文化习俗和生活习惯来看待生活中的传播现象，如欣赏一幅画、读一部小说、看一部电影或者浏览移动媒体的短视频等；那么同样的，旅游者不可能未经任何了解去接触一个旅游景观。

旅游是在一定社会经济条件下发生和发展的一种社会经济活动，是受社会风气影响和制约的一种物质文化生活活动。广义的旅游景观是旅游活动中的一切景观环境，包括吸引旅游者的景观、运送旅游者的交通场所景观、为旅游者提供食宿的景观等。简而言之，旅游景观是可以满足旅游者旅游需求的一切环境要素。创意旅游景观就是要针对旅游者的需求，对旅游景观展开创意设计。

"创意"与"设计"这两个同样具有丰富内涵、极强包容性和延展的词语，组合到一起，常令人觉得说起来容易、做起来难。实际上，如果我们站在旅游主体作为"受众"的角度，对旅游景观的创意设计进行研究，我们就会发现"受众"

对旅游景观的期待是可以进行预测和研究的，这样我们就可以更有针对性地开展旅游景观的创意设计。

作为旅游主体的受众，其决策具有可预期性。虽然旅游主体的数量庞大，其群体受年龄、性别、收入、爱好等可影响旅游决策的具体因素甚多，错综复杂的各种旅游者群体细分和不可确定因素会影响旅游者的旅游决策。但是总体而言，旅游主体对旅游景观的选择具有三个较大的方向性变化，是我们目前和未来一段时间在旅游景观设计中可以把握的。首先，旅游主体的旅游决策受社会整体发展转型影响较大。三十年前我国的旅游者喜欢到大城市旅游，旅游首选目的地为北上广、华东五市，今天的旅游者旅游决策更加多元，而且很多旅游者已经不再倾向于选择经济发达的大城市作为旅游首选目标了，因为随着社会经济的总体发展提升，各地区的城市面貌差距缩小，而且城市形态也越来越接近。旅游主体对旅游景观的选择一定要与日常生活差距较大的地区，或与日常生活较为不同的文化和环境形态。当下的旅游主体总体偏爱选择文化体验游、山水生态游、趣味休闲游，这三种决策方向还常常可以进行融合，同时带有以上三种特征的旅游景观一定是最受旅游者欢迎的景观。越来越多的国内旅游者开始绕开北上广这样的一线城市，选择四川、云南、贵州、安徽、江西、新疆、甘肃、青海等地区旅游，就是因为这些地区既有最美的自然景观，又拥有丰富的人文景观，还可以为旅游者提供深度文化体验，可以使旅游者感受慢生活的休闲氛围。

其次，旅游主体的自我心理定位。虽然旅游者千差万别，但是在今天高度发展的社会背景下，旅游主体的总体自我心理定位也与过去发生了较大的转变。过去二三十年前的旅游者会承认自身对旅游目的地的不了解，认为旅游是一种带有冒险和探奇意义的行为，很多旅游者的出行要依靠旅行社提供的服务和帮助。今天旅游者更多地认为自己就是资深旅游者，甚至是旅游活动的专家，完全可以负责自己，甚至亲朋好友到陌生旅游地开展一系列的旅游活动。旅游者对自身的心理定位非常高，经常认为自己是有文化素养和文化追求的旅游者，每个人都见多识广，只要手机在手就可以不依靠外界帮助独立地周游全国。

最后，旅游主体的个体行为因素，如知觉、态度、动机、个性、受教育程度等因素也是我们在对旅游景观开展创意设计中应该考虑的因素，毕竟旅游主体作为受众不仅仅是一个群体，而且是一个个鲜活的个体，受众的感受应该是千姿百态、丰富多彩的，这也是旅游景观需要创意设计的重要原因之一。作为旅游主体的旅游者，希望获得旅游景观传播一方的充分尊重，他们希望个体的旅游权益和意愿被充分地考虑，而不是在旅游中充当顾全大局、少数服从多数的牺牲者。作为受众和消费者，旅游主体希望"旅游者就是上帝"的观念能够在旅游景观设计中获得贯彻和实施。以大众旅游主体为中心开始展开设计和研究，必须充分围绕增加创意主题和趣味性等进行设计，只有这样才能为旅游景观的受众提供更多的选择和组合，才能更广泛地提升旅游受众的接受度和满意度。

第四节　创意旅游景观设计中的核心内容

一、创意旅游景观设计的内核

创意旅游景观设计的内核是文化，这是由旅游景观本身的属性决定的。

旅游景观实际上是广阔的社会空间中的一部分，以景观语言集中体现了旅游地的历史文化。我们今天看到的很多旅游景观都是经过几代人，甚至几十年人不断设计和营建的。如本章第二节所述，历史上遗留到今天的知名景观，无一不是人类曾经创意思维的产物。我们本节中所说的创意旅游景观，特指当下现代社会中人们正在进行或将要进行的创意旅游景观设计活动。

过去国内旅游的开发者更关注旅游的经济属性，把旅游景观设计作为旅行项目开发的一部分，从投资者的角度出发，总考虑如何能收到立竿见影的经济回报，而没有从旅游者的角度考虑，忽视了旅游景观设计包含的文化属性。缺乏人文色彩和游赏趣味的旅游景观是不会吸引旅游者的。旅游景观，甚至旅游本身不仅仅与经济紧密相关，它还是一门艺术。

旅游者选择旅游目的地的最主要目标之一就是审美，最负盛名的旅游目的地一定拥有优美动人的自然景观和人文景观，旅游景观的美常常是自然和人文的交相辉映。旅游者在埃及的吉萨探奇金字塔的时候，也会欣赏沙漠落日的壮美；在桂林的漓江感受人在画中游之余，也可能到阳朔的小街上体验桂北民居的质朴与浪漫；在都江堰观看李冰父子2000多年前的智慧壮举，也可以随后到附近体验"青城天下幽"的古朴静雅……今天的旅游者何其幸运，可以有机会将足迹踏遍古今中外的自然造化之地和人类塑造的历史文化遗迹。旅游者如果对自己向往的旅游目的地排序，毫无疑问会选择最具审美价值和娱乐价值的旅游景观。即使是完全人工的旅游景观，如迪士尼这样的主题乐园，也会让旅游者感受到设计者对整体创意的绝妙规划和对微小细节的精心把握；在身临"圣淘沙名胜世界"这样的综合娱乐城中，旅游者也能在娱乐城场景设计中感受到奢华的艺术美。艺术本身就是人类全部文化中非常精华的部分，可以说，旅游景观是将这部分精华集中和突出地呈现给了旅游者。

旅游者在旅游中通过旅游景观进行着文化的交流和传播。旅游目的地通过旅游景观展示自己的文化和艺术，旅游者在旅游地的景观中接收着旅游地文化艺术的信息，同时，他们在旅游景观中会以带有"旅游凝视"的眼光来观察身边的一切，并将自己日常所处地区的文化与旅游目的地的文化进行比较、分析。旅游者在旅途中就开始对旅游景观中呈现出的旅游目的地文化进行信息的输入、分析、评判和交流等，最终实现对旅游目的地文化的借鉴、吸收，并与自身知识经验等实现交融和重构。

旅游景观是否有创意，其创意的多或少、优或劣都是旅游者文化交流的一部分。在旅游中，旅游者一边旅行，一边进行着传播活动。今天的旅游者借助智能手机等移动媒介，将个人的旅游感受通过自我传播、人际传播和大众传播相结合的方式进行着广泛的交流。比如，一个旅游者以旅游景观为背景，自拍照片或小视频，上传到各种社交平台或旅游网站，常常会引发更多的旅游者或潜在旅游者的观看、评论和共鸣。最吸引旅游者、深受旅游者好评的创意旅游景观，往往还是最具艺术性的景观。创意旅游景观设计的核心是文化，"文化"的内涵何其广泛，其实创意旅游景观设计在广袤的人类文化中进一步探求其根本，可以发现其根本内核是艺术。

比如，上海的M50创意园、北京的798艺术区、广州的红砖厂、台北的华山

1914 文化创意产业园等，它们都是目前非常热门的创意旅游景观，都是与艺术创作和文化产业紧密结合的。

上海 M50 创意园位于普陀区的苏州河畔，前身为徽商周氏的家族企业信和纱厂，中华人民共和国成立后更名为上海春明粗纺厂，是目前苏州河畔保留最完整的民族工业建筑遗存。于 2000 年起开始转型为艺术创意园区，2001 年第一位艺术家进驻 M50，已经逐步发展成为每年 7 至 9 月的展览季会举办 130 多个各类展览的文化艺术中心。2008 年上海纺织集团时尚事业部和 M50 创意园的管理层对于 M50 的品牌建设提出了园区发展理念，将 M50 创意园作为一个凝聚文化艺术资源并产生合力的平台，以"艺术、创意、生活"为核心价值的品牌去打造。M50 艺术产业园先后引进了 20 个国家和地区的 140 余户艺术家工作室、画廊、高等艺术教育以及各类文化创意机构，在入驻企业的选择上，M50 创意园始终遵循园区定位，有针对性地引进在文化创意领域内有影响力的机构。这些机构的入驻营造了苏州河畔浓厚的艺术创意气息，吸引了众多国内外的收藏家、媒体、知名人士、艺术爱好者、市民和游客。

北京 798 艺术区位于北京朝阳区，又名"大山子艺术区"，原为国营 798 电子厂，原址是 20 世纪 50 年代典型工业风厂房，798 将老旧工厂厂房改造为集中的艺术创作工作室，再衍生为全国最早，也是最著名的创意文化旅游景观。798 园区与 M50 创意园不同，在创立之初并没有统一的园区发展理念，由一个个艺术家和艺术工作室分别在不同的片区进行创作和艺术品展示，从而形成了现今的景观。虽然具有统一的艺术性，但漫步其中又能感受到个体的独特性。798 艺术区内原有的厂房还保留着当年的砖墙斑驳、管道纵横，但其中的管道、阀门、钢铁支架、车间铁门已被改造或涂鸦成现代艺术品或艺术品的一部分。在这里，当代艺术与过去的一段火热而又冷峻的工业痕迹相映成趣，仿佛展开了一场跨越时空的对话。

我们从目前国内外创意景观、创意城市相关设计实践中可以发现，环顾当今世界极具盛名的、旅游景观具有创意特色的旅游城市，它们都具有极高的艺术特色，如巴塞罗那、威尼斯、佛罗伦萨、巴黎、柏林、汉堡等，但也有人认为这些城市是具有悠久历史的地区，有深厚的艺术积淀，那么我们也可以发现很多新兴旅游城市，也可以通过创意设计营造出颇受欢迎的旅游景观，比如拉斯维加斯、吉隆坡、新加坡市等。大多数旅游景观都是新旧结合、新老交融，将创意和传统融为一体。

历史是一条河，必须不断有新的溪流注入其中，它才能汇聚力量不断向前流淌。再悠久灿烂的文化也不能一成不变，再深厚的历史文化积淀，要在今天的旅游景观设计中面向当代旅游者达成旅游吸引效果，必须有"创意"的加持。

文化创意对现代城市必不可少，巴黎、纽约、迈阿密、东京、巴塞罗那、伦敦、北京、芝加哥、首尔等，这些国际化大都市除了是各地区的经济中心，更是全世界广负盛名的艺术之都，如果没有了艺术，这些城市如明星一般闪耀的光芒必将黯然失色。而世界知名旅游景观的明星地位和荣耀口碑，也都是源源不断的创意设计赋予它们的。

二、创意旅游景观设计的表达

（一）创意旅游景观设计的真实性和内在逻辑

创意旅游景观是一种文化传播，创意旅游景观的设计必须考虑如何将创意更好地表达和传播。"创意"要通过旅游景观设计有效地表达出来并呈现给旅游者。

英国著名文艺理论家约翰·罗斯金（John Ruskin，1819—1900）曾说："伟大的民族在三种手稿中写下它们的自传，这就是行为之书、语言之书和艺术之书。如果不读其他两本书的话，其中任何一本都无法读懂，但三本书中只有最后一本是值得信赖的。"人类伟大的文明留下的最重要的遗产当中，景观和建筑可以说是当之无愧地排在第一位。各地的旅游景观常常是人类文化和艺术的结晶，集中凝聚和体现了一个国家、地区的人们在当时的历史条件下最高的科学技术、全部的物质财富、人力和智慧、思想文化的发展水平。今天的世界文化遗产中一大半都是景观建筑类的遗产，就恰恰证明了这点。古希腊高贵的单纯，古罗马静穆的伟大，无不显现在它们在漫长历史岁月中历经战乱天灾遗存的神庙、剧场、斗兽场、体育竞技场和别墅庄园中。不论是大理石还是汉白玉，不论是天然混凝土还是金丝楠木，都以自身独有的语言真实地记录了一段历史。

　　创意设计需要天马行空的想象力，但是创意同时需要立足于大地，还需要具有一定的内在逻辑。很多地区旅游景观的创意设计都是取材于本地区的地域特色或历史文化。成都远洋太古里是"国家五星购物中心"，地理位置优越，紧邻春熙路地铁站，同时北边是历史悠久的大慈寺。春熙路作为成都有名的商业街，这里平日就人流如织、熙熙攘攘，热闹非常。远洋太古里并在规划之初选择了低密度开发途径。太古里的创意设计充分考虑了成都城市精神的表现，"和谐包容、休闲常乐"是成都人，也是成都城市的内在性格特征，将整个商业中心设计为开放式、低密度的街区形态。"开放式"即打破传统商业中心的室内化购物模式，将商业空间转变为传统的街区化购物模式，在太古里区域内尽量保留传统古建筑，搭配两三层高的新建独栋建筑，且新建筑也与四川传统味道相融合：川西风格的青色人字坡屋顶、蜀汉特色的墙面格栅、灰瓦青砖、带有"福禄寿"吉祥图案的影壁墙，搭配临街的落地玻璃幕墙橱窗，加上各品牌商家色彩鲜艳醒目的广告牌……带着浓浓川味的大屋顶新中式独栋矮层建筑中，迪奥、香奈尔、路易斯·威登、古驰、伯爵、宝珀等国际知名品牌也有序地排列着。漫步太古里现代时尚的商业店铺中，时不时地会出现几座古建筑，搭配或下沉或上升的人工造景和大量植被，充分使旅游者感受传统、现代、自然的创意交融。

　　成都远洋太古里商业街区点缀的艺术品很多，最出名的就是 IFS 大楼上的熊猫主题雕塑。2014 年 1 月 14 日，一只在大楼上攀爬的"大熊猫"在 IFS 成都国际金融中心亮相。该艺术装置高 15 米，重 13 吨，由著名艺术家劳伦斯·阿金特（Lawrence Argent）设计，意图提醒人们对城市发展繁荣进行反思。在街道中仰望，只能看到熊猫努力向楼上攀爬的样子和它圆鼓鼓的屁股，想看它的真容需要乘坐电梯到七楼。这个正脸带有一点三宅一生的格子拼接风格的著名熊猫装置艺术作品，已经成为太古里的网红打卡处。2021 年国庆节期间，太古里还新增加一处裸眼 3D 大熊猫公益巨物化视频，这个视频是利用高科技数码技术在中国大熊猫保护研究中心实拍并加工合成的，它打破了卧龙保护区和繁华城市的空间距离，让大熊猫所代表的美好生态和现代城市完美结合，并与市民、旅游者亲密互动。

　　远洋成都太古里的景观设计创意，都来自成都和四川本土的自然资源和历史文脉，出现在成都街头的熊猫景观和川西风格传统中式民居一样，只会让人感觉舒适自然，而不会让人有任何违和之感，这就是符合创意内在逻辑的设计实例。

创意旅游景观设计的真实性，是艺术的真实，是相对的真实、符合设计内在逻辑性的真实。我们在判断创意是否适合旅游景观时，并不能将是否符合旅游景观原有地区的地域特色和历史文脉当作绝对的标准，如果有一个统一的模式可以套用，那就不是创意，而顶多只能算借鉴甚至抄袭。旅游景观的创意设计常常需要因地制宜，根据当地情况进行实时的调整。

拉斯维加斯的威尼斯人酒店以威尼斯风情为设计主题，在整个酒店范围内是充满威尼斯特色的拱桥、小运河、贡多拉、石板路，完整地搭建了一个室内的水城威尼斯。澳门的威尼斯人度假酒店，也是模仿拉斯维加斯这家酒店的风格。虽然这座酒店坐落于拉斯维加斯，与威尼斯远隔千山万水，但是世界各地的游客纷至沓来，对这座酒店赞叹不已。如果我们以成都太古里的案例的评判标准来看待这座酒店的创意是否真实、是否有内在逻辑并不合适。这座酒店之所以符合创意设计的内在逻辑，最重要的原因是它坐落在拉斯维加斯。

众所周知，拉斯维加斯是一座赌城，它的建市历史是从 1905 年开始的，本身没有什么历史，如果说有，那也是当地土著印第安人的历史。而且拉斯维加斯的地理环境也非常恶劣，地处沙漠、干旱缺水。但是从它建市开始，建设者、投资人的眼光和理想就是要使这里成为全世界游客的圣地，这里的一切设计创意都是要挑战不可能，毕竟谁能想到一个地处荒漠中的不毛之地能成为当今世界最大的赌城，同时也是最知名的旅游城市之一。拉斯维加斯从一片荒芜中创建了大量的旅游景观，我们必须承认它们确实充满了创意。

首先，拉斯维加斯在无法依靠自身地域特色和历史文化的基础上，创造性地从全世界各地的文化景观中选取最有代表性的文化地标或符号为自己所用。其次，大胆地以现代手法融合古典元素，如威尼斯人酒店的建筑外观，表现出威尼斯当地最典型的文艺复兴建筑风格，并将圣马可广场和钟楼都复制了进去，在酒店内部完整、写实地搭建了仿造水城威尼斯的内景，甚至变幻多彩的水城天空，使游客身临其境，但是整个酒店给游客的感觉并不一味复古，而是非常时尚。再次，拉斯维加斯的各个酒店之间展开了激烈的创意竞赛，拉斯维加斯的主要街道 The Strip，又称拉斯维加斯大道，其两侧汇聚了全世界三分之二的顶级奢华酒店，每一家都极尽标新立异之能事，而且每一家的设计都紧密贴合其酒店名称和主题。比如，卢克索酒店，远远即可望见金身的狮身人面像、金字塔和方尖碑等埃及元素贯穿始终；再如巴黎酒店，等比缩小的埃菲尔铁塔和雄狮凯旋门伫立在门前的广场上，使游人恍然来到浪漫之都。最后，拉斯维加斯城市的整体定位已经从博彩业向综合旅游业转型，这里吸引了更多的家庭型旅游者，餐饮、购物、演出等娱乐活动在这里应有尽有，这里的创意设计围绕着服务于旅游者的娱乐性、休闲性和体验性展开，每一个旅游者来到这里，都会拥有一段属于自己的梦幻般的沉浸式体验。

创意旅游景观设计的真实性和内在逻辑是对人们进行旅游景观创意设计工作的一种提示，并不是一种严格的限制或规避要素。它提醒我们，旅游景观的创意设计虽然需要感性思维，但也需要理性思维。旅游景观的创意设计是有一种理性的想象。

（二）创意旅游景观设计的独特性

创意旅游景观设计从表达的内容上看，主要是建立在旅游目的地的自然和人文资源基础之上。当然，有一些特殊地区出于特殊目标进行的旅游景观设计，需要综合考虑其定位、品牌或主题等因素。总体而言，不论是哪种情况，创意旅游景观设计都需要以文化资源为原材料，以旅游景观所在地区的文化态度为价值基础，根据目前旅游目的地存在的问题和旅游者需求等，利用文化资源，使文化资源转变、生长和发展并适应当今的新时代和新环境。每个旅游目的地都有其独特性和有优势的地方，创意设计就是要发掘当地文化资源的潜力，使其独特和卓越性集中起来获得更好的展现。

文化产业领域有一句俗语"内容为王"，没有内容就没有创意设计。旅游景观创意设计的内容就是旅游景观要展现出来的文化，及其衍生出来的一系列主题、IP、故事等文化产品。在旅游景观的创意设计中，最重要的就是创造出具有旅游吸引力的景观内容，内容也同样是创意旅游景观设计的核心要素。但旅游景观又与文化产业不完全一致。文化产业强调可复制性、规模化生产，这对于旅游景观的设计是不可取的。旅游景观强调的是其独特的自然、文化和历史价值。

　　谈到此处，可能有人会强调，旅游景观设计可以套用文化产业的规模化、大批量的生产模式，它并没有那么独特，大型主题乐园就都很相似，比如迪士尼乐园、环球影城乐园已经用商业化运营模式开了好多家。这些大型主题乐园是旅游景观中比较特殊的案例。但我们仔细观察一下世界级的主题乐园现状，也可以验证旅游景观设计的独特性。

　　世界上最早创立、也是最成功的主题乐园迪士尼，是我们无论如何都绕不开的旅游景观设计案例。迪士尼主题乐园目前在美国总部及海外开设了 6 个乐园，分别为美国加州的洛杉矶、佛罗里达州的奥兰多、法国巴黎马恩河谷、日本东京、中国香港和上海。即使是迪士尼这么广受欢迎、世界级水准的主题乐园，也没有受利益驱使开遍全球，仅仅在全球四个国家开设了 6 个乐园，而且这 6 个乐园选取的城市都是世界级旅游城市。即使是同处美国的迪士尼乐园，一个位于加利福尼亚州洛杉矶，地处美国西海岸，另一个位于佛罗里达州奥兰多，在美国的东海岸，直线距离 4000 公里，如此安排，其中的原因可见一斑。只有将乐园的位置间隔得足够远，才可能保证它的辐射半径足够广阔，在这个区域内，它是唯一的和独特的。而且每个迪士尼乐园虽然有统一的品牌，但景观设计并不完全统一，每个乐园都会有各自的特点，即使是每个乐园都有的核心景观——城堡元素，也都具有各自的设计特色。而且，乐园会根据各个国家的文化和旅游者喜好差异，进行适当的景观设计调整，比如在上海开设的迪士尼乐园中就一定具有与中国相关的主题元素。

　　环球影城在世界范围内布局的 5 个主题乐园，情况也与迪士尼相似。除了 2021 年在北京刚刚开幕的环球影城度假区，另外 4 个分别是美国的好莱坞环球影城、奥兰多环球影城、日本大阪环球影城和新加坡环球影城。这几座乐园兴建和开放的时间不同，其面积、设施等也有所不同，特别是新加坡的环球影城乐园，虽然面积小，但其中 24 个景点和设施中的 18 个是为新加坡乐园特别设计的。

　　我国近年来最受旅游者欢迎的本土主题乐园代表，是长隆集团的广州长隆度假区和珠海长隆度假区，它们是长隆集团按国际顶级标准设计营建的，已经成为我国本土旅游度假乐园的名片。虽然两个度假区同处于广东省，但是其设计理念各有千秋。广州长隆度假区由几个乐园组成，分别为广州长隆欢乐世界、野生动物园、水上乐园等。欢乐世界的游乐设施较为惊险刺激，广州长隆野生动物园是全世界动物种群最多、最大的野生动物主题公园，在亚热带的广州甚至可以看到可爱的大熊猫，广州长隆还为此建设了豪华的五星级熊猫主题酒店。而珠海长隆度假区是以海洋为主题的乐园，只有一个园区，外加一个马戏馆。珠海长隆度假区面积比广州长隆小得多，但是它设计得非常集约，将动物展示和表演及游乐设施结合在一起，游人可以玩得尽兴，又不至于过于疲劳。所以珠海长隆乐园更适合全家老幼，特别是带小朋友游玩，广州长隆更多刺激感官的项目吸引的是青少年和成年人。广州长隆度假区有三家配套酒店，其设计主题、风格、价位等也各不相同。综合比较广州和珠海的长隆度假区，虽然同属一家公司旗下，距离也相距较近，但它们的旅游者目标群体和景观设计定位各有侧重。

旅游景观创意设计的内容必须具有独特性，才能对旅游者产生足够的旅游吸引力。作为旅游景观设计的研究者，我们会仔细考察和分析旅游景观的内容，但是我们发现旅游景观，特别是创意景观的内容是很难进行规律性或规则性的抽取和梳理的。当然，我们每个人都可以对旅游景观的优缺点或成功的诀窍进行研究，也常常为设计机构或设计师的奇思妙想而赞叹不已，但是一旦我们发现了一个创意内容在其他旅游景观中也被应用了，那么，模仿者和被模仿者之间马上就会对比，至少其中的一个会被打较低的分数，有时甚至会一起受到负面的影响。

齐白石曾说"学我者生，似我者死！"保持景观设计内容的独特性，是我们在进行创意旅游景观设计时应该特别注意的关键问题。

（三）创意旅游景观设计的策略性

创意旅游景观设计除了要注意挖掘当地的自然和文化资源、注意景观设计内容的独特性，还要做好创意旅游景观设计的整体定位。全世界每年都会诞生各种各样的旅游景观，每一个旅游景观的设计都可以说具有一定的创意，但并不是所有的旅游景观创意都能经受住旅游者的检验。旅游景观的创意设计要考虑很多因素，为了一个设计项目的成功，设计师或团队必须严格把控，做好整体规划、定位和布局。深受旅游者欢迎的旅游景观基本都是设计策略的优胜者。

创意旅游景观设计需要大局观，不能将设计项目局限于旅游景观所在的地域，应该把眼光放远、放长，要与同类旅游景观进行大量的横向、纵向比较，要研究个案也要统揽全局。这种对旅游景观的研究和比较不仅仅是为了竞争，更多的是为了学习、借鉴、成长和提升。从这个角度来看，创意旅游景观设计可能是世界上极困难和复杂的工作之一，因为从业人员要不停地进行调查研究，保持高度的敏锐、好奇、兴奋和创造力，甚至可以说是具有某些天才的特质和灵感的迸发，才能做出最佳决策，才可能创造出受欢迎的创意旅游景观。

（四）创意旅游景观设计传播的体验性

创意设计的目的是为旅游者提供具有审美性、娱乐性和享受性等体验价值的旅游景观，创意旅游景观设计对旅游者来说提供的最大价值，是通过对旅游景观的体验获得自我实现的满足感。

为实现具有体验价值的创意旅游设计，必须在创意设计中融入文化性、情感性和旅游者的参与性、互动性等特征。创意旅游景观设计要通过设计表达的诸多手段，使旅游者获得具有高度艺术性、趣味性的沉浸式体验。创意旅游景观设计的表达分为技术和内容两个层面，从技术上要尽可能地调动旅游者的全部感官，从内容上要带给旅游者具有体验感的文化展示。

创意旅游景观作为旅游景观的延伸，其技术表达方式与旅游景观基本相同。不同的是，创意旅游景观设计虽然以视觉表达方式为主，但是要尽量综合运用多种感官通道的表达方式来展开设计，尽量多地打开旅游者的多种感官通道，如果在旅游景观设计中能够综合调动视觉、听觉、触觉、嗅觉和味觉五种感官，那将使旅游者的旅游体验获得极大的提升。视觉的设计表达方面，以建筑和景观为主，如旅游景观中的住宿、交通、餐饮、娱乐等方面的建筑景观和公共设施等方面的环境设计；旅游景观的整体形象设计、标志设计等方面的视觉传达设计。嗅觉、味觉的设计表达等在餐饮类景观中经常使用。听觉、触觉和嗅觉在住宿、购物、娱乐类景观中常常运用。而创意旅游景观设计要做的就是如何综合运用五种感官可接收的方式进行设计表达，为旅游者提供一个沉浸式的体验环境。

在旅游景观设计中，多感官综合运用的案例的很多。比如，音乐喷泉，是声光艺术，综合了视觉、听觉和触觉。韩国首尔处于市中心的青川溪改造项目，为游人在闹市中提供了一个亲水景观，旅游者和市民可以直接触摸到水，甚至很多游客和市民在炎热的夏季直接坐到清川溪旁，脱去鞋袜在此濯足休憩。还有很多目前广泛应用的仿真特效游乐项目，如上海迪士尼的"遨游·飞越地平线"就用到球幕电影和可以运动的座椅，并在项目开始之后配合影片的内容适时向游客吹风、喷洒空气清新剂等，调动了游客四种感官的体验。

中国古典园林景观设计也是一个会将视觉、听觉、嗅觉和触觉综合运用的案例。亭台楼榭是视觉的"景"，鸟叫蝉鸣流水潺潺是听觉的"音"，香樟、桂花等芬芳的花木是嗅觉的"闻"，木石砖瓦等建筑材料和景观家具装修是触觉的"感"，旅游者到中国古典园林中体验到的是综合的艺术。"好风胧月清明夜，碧砌红轩刺史家。独绕回廊行复歇，遥听弦管暗看花。"唐代大诗人白居易的《清明夜》就勾画出一个视觉、听觉、嗅觉、触觉相呼应的美好月夜。

创意旅游景观设计对内容的表达，则要充分体现当地独特的文化元素。比如，上海的田子坊，曾被认为是中国创意旅游景观的代表之一。它位于上海的泰康路210弄，1998年前这里还是一个马路集市，自1998年9月上海黄浦区政府实施马路集市入室后，对泰康路的路面进行了重新铺设，改变了过去"下雨一地泥、天晴一片尘"的路面环境。1998年年底，一路发文化发展公司首先进驻泰康路，揭开了泰康路成为上海著名艺术街的序幕，不久又有陈逸飞、尔冬强、王劼音、王家俊、李守白等艺术家和一些工艺品商店先后入驻泰康路，使原来默默无闻的小街渐渐吹起了艺术之风。后来画家黄永玉为这条小巷题名为"田子坊"，来自中国古代画家"田子方"的谐音，坊本身也有"街坊"的意思，从此"田子坊"迅速走红。田子坊是里弄民居味道，弄堂里除了创意店铺和画廊、摄影展，最多的就是各种各样的咖啡馆，还有一些音乐酒吧落户。在这里发展的初期，小街巷内是典型的上海石库门建筑，而且海派的艺术气息浓重。但是现在，这里的艺术沙龙已经不复存在，工艺品商店也早已搬离，取而代之的是各种缺乏特色的旅游纪念品商店和小吃街。田子坊作为创意旅游景观的地位已经变得名不副实。

人们希望看到的田子坊是上海的市井生活和精致文化相结合的缩影，而不是油腻喧嚣的小吃摊和毫无特色的旅游纪念品摊贩。现在的田子坊店铺保持着非常高的租金，但这里新加入的商家很难坚持超过三个月到一年。真正的创意文化工坊、店铺、沙龙的迁出、一个个小吃摊的进入，可以说是一个劣币驱逐良币的过程。原本属于田子坊的上海文化特色渐渐褪色，也是这里创意消失、经济效益降低的一大原因。

"桂林山水甲天下，阳朔山水甲桂林"，阳朔作为全国旅游示范县，其景观设计集山水之美、少数民族文化之美等于一体，成为中外游客向往的旅游胜地，阳朔西街就是其中具有创意设计特色的旅游景观。阳朔西街位于阳朔古镇中心，宽约 8 米，长近 800 米，是阳朔最古老最繁华的街道。阳朔西街保留着部分明清时代的建筑，大多数是 20 世纪中叶修建的，明城墙、碑刻、古寺、古亭、名人故居、纪念馆等这些古老的建筑保存较完整，这里还保留着孙中山演讲台和徐悲鸿故居。这里的地面以当地的槟榔纹大理石铺就，暗青油亮，两旁是清代遗留的低矮砖瓦房，白粉墙红窗，透着岭南建筑的古朴典雅，旅游者在这里会感受到浓浓的地方特色。20 世纪 70 年代初，阳朔对外开放，西方游客发现了西街，同时，他们对当地古朴典雅的民居和传统文化、民风民俗表现出浓厚的兴趣，很多外国人暂居于此，并在此开店，其中绝大多数是酒吧。外国人的活动改变了这里的旅游景观，西方文化的进入使得这条街上的部分建筑带有了西方文化的特色。1984年经初步改造，阳朔西街建成为一条古朴典雅的旅游文化街。1999 年到 2004 年，阳朔县又完成了保护性整治，使整条街道建筑凸显出"小青瓦、坡屋顶、马头墙、木门窗、吊阳台"式的桂北民居特色。中西文化在此交融，呈现出既有本土民族风格又兼具西洋异域元素的西街景观风貌。

阳朔西街的创意特色在于当地桂北文化下的"国际范"，既有地域文化特色，又有紧邻的漓江山水美景。阳朔西街展现了明清到现代的建筑风貌，其中还带有传统中式、少数民族、西洋风格等不同文化风格的杂糅，身临其中感受到的是不同年代和地域的时空相会，多元文化元素的碰撞与优美的漓江风景交织在一起，令无数游人沉醉。这里的山水、街道、巷弄，和商铺、美食、美酒、咖啡、音乐等一起为游客提供了多感官的沉浸体验，使人流连忘返。

三、创意旅游景观的传播符号

（一）符号的定义

如张国良所说，"所谓传播，无非是传者和受者对符号进行编码、解码的过程。因此，对符号的运用水平与能力，决定传播的成效。"① 设计师所有的创意构思和创意信息都要靠一个个的设计符号来传播给旅游者，符号的选择和设计使用是旅游景观的创意是否能够有效表达的关键。

"符号"是传播过程中为传达讯息而用以指代某种意义的中介。符号的定义中有两个重点值得我们注意：其一，符号具有指代意义的作用；其二，符号具有象征性。

符号具有"指代"作用，简单来说，就是以此物指代彼物，"彼物"常具有人类文化的意义。比如，一束玫瑰花，当它被放在花瓶中的时候是不具有指代作用的，但是，当它出现在一个男青年手中，并递向女青年的手中时，我们都知道这束玫瑰被赋予了爱的意义，玫瑰花不仅仅是美丽的、芬芳的植物了，它在此时成了符号，指代为表达爱意的信号。按照结构主义语言学家索绪尔在《普通语言学教程》中的界定，一个符号有一体两面，它由能指（signifier）和所指（signified）构成。"能指"是符号的感觉要素，就是它能被人的感官感知的部分，如红色、香气、花朵的触感等，"所指"是符号通过感觉要素所指代的对象事物的概念和意义。玫瑰花本身是符号的"能指"，它能够引发人们对特定对象事物的概念联想，并使人联想到爱情的意义，这就是"所指"。

在人类社会的传播中，任何符号都与一定的意义相联系，人类传播在现象上表现为符号的交流，而实质上是交流精神内容，即"意义"（meaning）。人类在传播活动中的一切精神内容，包括意思、意图、认识、知识、价值、观念等，都包括在意义的范畴之中。在人类的社会生活中，意义是普遍存在的。符号的象征性与符号对意义的传播紧密相关，比如"红旗"作为一个符号在我国的近现代语境中，常与革命的旗帜相联系，以"红旗"作为品牌名称命名的汽车，也带有了革命的意义。

---

① 张国良.传播学原理[M].上海：复旦大学出版社，2012.

符号的种类是多种多样的，分类方式也各有不同，在传播领域中我们常用的分类方法是将符号划分为语言符号、非语言符号两大类。语言符号，顾名思义，就是各种语言和文字符号。非语言符号包括三大类。

第一类是语言符号的伴生符，如声音的高低、大小、快慢，文字的字体、大小、粗细、工整或潦草等，都是声音语言或文字的伴生物。它们又被称作副语言，副语言对语言起着辅助作用，它们本身也有自己的意义。比如，人的个性、教育程度、修养以及写字时的心情等。

第二类非语言符号是体态符号，如动作、手势、表情、视线、姿势等。由于它们也能像语言一样传递信息，因此也称之为"体态语言"。

第三类非语言符号是物化、活动化、程式化和仪式化的符号。这一类符号比前两类符号更具有独立性和能动性。旅游景观设计中常用的符号就属于这一类，因为它们是具有高度象征性、可以继承和表达观念体系的符号。其中包括各种象征符体系，如仪式和习惯、徽章和旗帜、服装和饮食、音乐和舞蹈、美术和建筑、手艺和技能、住宅和庭院、城市和消费方式等，这些象征符体系在人类生活的各个领域都可以找到。

符号的功能主要有三个方面：一是表述和理解功能，二是传达功能，三是思考功能。

符号的功能之一是表述和理解。人与人之间的传播就是交流信息和意义，那么符号就是交流的中介，传播者要将自己想要传播的内容以符号化的形式表达出来，传播对象（也就是传播受众）接收符号后，对其信息及意义进行解读，并会对传播符号所带来的信息或意义进行反馈。

符号的功能之二是传达。人类所有的意义，不仅包括文化精神、思想观念等都是通过物质形式的符号进行传达的，而且，符号作为传达中介，可以通过石头、金属、纸张等多种方式进行超越时间和空间的保存。

符号的功能之三是思考。符号能够引发人们的思维活动，这一点也是毋庸置疑的。人们关注到符号之后，会对符号的"能指"也就是感觉要素进行接受和分析，然后会通过大脑进行形象思维、逻辑思维等信息和意义的思维处理。

（二）旅游景观中的传播符号

每一个国家和地区最有代表性的旅游景观，都是这个国家和地区历史文化的代表符号。美国纽约的自由女神像、法国巴黎的埃菲尔铁塔、意大利的比萨斜塔、澳大利亚的悉尼歌剧院、中国的长城和故宫、柬埔寨的吴哥窟……这些闻名世界的旅游景观都是传播符号，而且代表了旅游目的地的形象。

很多旅游者的旅游活动都是围绕着这些著名的、具有旅游地象征性的旅游景观开展的，直到今天，绝大多数的旅游者依然会在这些具有符号象征性的旅游景观打卡，并拍照留念。旅游者普遍认为，如果没有"打卡"这些具有代表性的旅游景观，几乎相当于没有到过这些知名旅游目的地。而且，不仅仅是旅游者，对所有的媒体受众而言，这些旅游景观都是重要的文化符号。中外游客公认的代表中国形象和民族精神的长城，是我国非常有代表性的文化符号，"不到长城非好汉"，延绵起伏的长城是中华民族自强不息的奋斗精神和众志成城、坚忍不屈的精神的象征。

同时，每个国家和地区最具代表性的旅游景观，都是丰富的文化符号的集合。

以中国古典园林景观为例，不论是皇家园林还是私家园林，其中都遍布各种象征性极强的符号，特别是表达吉祥意义的符号最为常见。以北京颐和园为例，其中的"福""寿"象征符号最为常见。颐和园作为皇家园林，其设计规划规模宏大，山水景观设计非常注重表现以"福寿"为主题的设计意愿及符号元素。颐和园中以中国古代神话中"海上三仙山"的构思，在昆明湖及西侧的两湖内建造三个小岛：南湖岛、团城岛、藻鉴堂岛，以比喻海上三山：蓬莱、方丈、瀛洲。中国古代传说认为能够找到海上仙山，就有机会长生不老。颐和园中扩湖堆山而产生的山体景观被命名为"万岁山"，园内主要建筑的名称都与"福寿"有关，如仁寿门、仁寿殿、乐寿堂、益寿堂、贵寿无极殿等。在建筑装饰中反复出现"寿"字和"蝠（福）纹"，特别是将福寿结合起来、以五只蝙蝠围绕着寿字，其意为"五福捧寿"。如此种种，不胜枚举。

杭州的城市标志，由篆书"杭"的字形演变而来，巧妙地将杭州最具代表性的旅游景观符号化，并汇聚在一起，其中包含了西湖及西湖游船、断桥、"三潭印月"、江南园林建筑的月洞门、小亭、粉墙黛瓦等，则把它们组合起来构成"杭"字。这时杭州城市标志与能够代表杭州的旅游景观、与杭州悠久深厚的文化底蕴相应和，成为代表杭州城市特色和文化的经典符号。

（三）创意旅游景观的符号设计

人类生产力和科技水平发展到不同的阶段，就会相应地出现不同的传播媒介。石器时代的岩画、雕刻，青铜时代的钟鼎文、甲骨文、泥板文书，铁器时代的纸张和雕版印刷术，蒸汽时代人类有了机械化可批量复制的印刷书籍，电气时代有了广播、电视等大众传媒，信息时代的互联网……旅游作为近现代社会的产物，旅游景观也在随着时代社会的变迁而改变。在今天这样一个信息爆炸的时代，旅游者召唤新的旅游景观设计形式，也召唤着旅游景观的设计创意。

世界各地的旅游景观都体现了各地区不同的地域和不同时代的文化，反映了人们在不同自然环境影响下对生产、生活方式的选择，也反映了人类对精神、伦理及价值的取向。因此，旅游景观深深打上了人类活动的烙印，它是人类特定文化的表现和载体，其本身也成为一种文化的传播符号。今天的旅游者在旅游活动中，对旅游景观中的各种符号进行着发现、解码、吸收和加工。得益于当今的信息技术和大众传播媒介，今天的旅游者或潜在旅游者，对本国甚至世界各地的旅游景观都有着相当程度的了解，旅游行业的竞争也越来越激烈。为了吸引旅游者，各国各地区采取了各种手段，但吸引旅游者的根本还是在于旅游地的旅游景观是否具有绝对的吸引力，是否能够将旅游景观打造成为一个醒目、亮眼的符号。

当今时代的旅游者可以用"见多识广"来形容，在传媒无比强大、资讯超级丰富的今天，作为大众传播受众的旅游者提到各地的旅游景观基本都如数家珍。规划部门和景观设计团队在进行新的旅游景观规划时，无疑也会遇到相对更大的困难和挑战，毕竟有各种知名的旅游景观设计的珠玉在前，又有眼光挑剔胃口刁钻的旅游者的压力，如何能设计出符合时代发展趋势的旅游景观？

创意旅游景观是一种传播媒介，因为它是各种文化符号的载体；同时，创意旅游景观本身也是一个醒目的符号。作为符号的旅游景观，意义内涵才是其核心和灵魂。创意也要通过有意义的形式来进行表达，同时创意思想和意图等需要通过旅游景观的设计载体进行传播。但"创意"从何而来？新的旅游景观设计符号如何生成？很多人会被"创意""创新"等语汇吓退，人们习惯了借鉴、模仿，甚至照搬，对"创新"无从入手，实际上各个时代都有景观建筑等的新风格、新样式"创意"，也都离不开对当地当时自然环境、历史、宗教、信念、风俗习惯、生活方式等的了解，深入挖掘文化内涵，汲取文化的营养，提取出受众能够解读的典型符号，景观才能被接受。

我们从人类设计的历史中去找寻答案，就会发现没有什么"创新"是凭空得来的。如古希腊人蓬勃旺盛的创造力，也曾得益于古埃及、古代两河流域等地区文化的影响，如古埃及建筑的柱式、绘画、雕塑等就直接影响了古希腊的早期建筑和艺术的形式。水城威尼斯的建筑景观也吸收了周围各地区和国家的精华，除了威尼斯附近的意大利诸城邦，更从拜占庭、哥特式、阿拉伯等艺术中获得了灵感。北京城作为中国重要的城市遗迹之一，从元大都，明、清北京城建设发展的轨迹中清晰可见汉族、蒙古族、满族、藏族等多民族多地域的文化艺术的影响。巴塞罗那安东尼·高迪的众多建筑设计中天马行空的想象，也综合了西班牙本土艺术和北非摩尔人带来的伊斯兰艺术的精髓。

"创意"设计之路不是无源之水、无本之木，创意旅游景观不能是拿来主义，不能直接照搬，但是其灵感的诞生可以吸收借鉴全世界所有的文化资源。在信息化的时代，我们正可以利用信息技术和媒介，来完成符合我们今天这个时代的多元化、跨文化的旅游景观创意设计。

第六章　旅游景观创意设计的内容传播

本章主要介绍旅游景观创意设计的内容传播，分别从三个方面进行阐述，即旅游景观内容传播的层次性、旅游景观内容设计的创意策略、旅游景观内容设计的创意表达。

第一节　旅游景观内容传播的层次性

一、旅游景观设计的内容

（一）内容即信息

旅游景观设计的内容是什么？这些内容就是通过"设计"手段赋予旅游景观的、能够通过旅游者的感觉、知觉和情感体验到的内容。

我们将旅游看作人类社会的一种传播活动，旅游景观本身就是一种传播媒介。通过旅游景观这种媒介，旅游景观拥有者、设计者和旅游者之间进行着相互影响和相互作用。旅游景观设计的内容就是旅游景观的规划者、设计者们想要通过旅游景观传递给旅游者的各种各样的信息，这种信息是符号和意义的结合。因为"人与人之间的社会互动行为的介质既不单单是意义，也不单单是符号，而是作为意义和符号、精神内容和物质载体之统一体的信息"[1]。

信息科学认为，信息是物质的普遍属性，是一种客观存在的物质运动形式。广义上，信息是一切"表述"或反映事物内部或外部互动状态或关系的东西。自然界刮风下雨、电闪雷鸣，生物界的扬花授粉、鸡叫蛙鸣，人类社会的语言交流、书信往来，都属于信息传播的范畴。根据信息系统和作用机制的不同，有的学者把信息分为非人类信息和人类信息；也有学者将其分为物理信息、生物信息和社会信息。社会信息是指与人类的社会活动有关的一切信息。旅游活动属于人类社会活动，所以旅游景观设计涉及的相关内容，都属于社会信息。

社会信息，是人类社会在生产和交往活动中所交流或交换的信息。在旅游景观设计中，设计信息是通过物质化的符号承载着人类文化精神的意义而存在的。这些信息包括设施、文字、图像、影像等，还包括人类对山石、植物、土地、水体等自然物和空间等方面的改造。

---

[1]　郭庆光.传播学概论 [M].北京：中国人民大学出版社，2011.

　　旅游景观中的设计信息首先是人类从探索自然，甚至探险开始的，在自然山水、田野间留下的各种合目的性而改造的痕迹。随着人类活动的增加，在漫长岁月中山水、田园、乡村、城市……逐渐形成了丰富的"文化"样貌。不同地域产生了各自不同的文化特征，这些文化特征以携带着意义的符号形式散布在旅游景观的范围内。曾经这些古人在漫长历史中逐步改造、积累、散布在广阔的山水田野、聚落村庄、城镇都市中的景观信息，大到宏村、乌镇等特色村落，更大到西安、南京、杭州等繁华城市；小到盆栽、花木、堆石，再到台阶、栏杆、铺地、小桥、亭榭、楼阁等设施和建筑元素，又再如"迎客松""飞来石"等被赋予文化的象征性命名，和文人墨客的历代题记、匾额、诗词和文章等一道构成了丰富多彩的旅游景观的信息元素。这些兼备使用、审美、游乐等多方面功能的旅游景观内容是今天的旅游景观设计者依然在效仿的重要元素。

　　在全球传播日益紧密的今天，越来越多的境外旅游信息、旅游资本也传播到国内。越来越多有条件的旅游者走出了国门，去感受域外新奇、另类的旅游景观。随着大众经济水平的提高、眼界要求的提升，旅游景观设计的内容也必然要与时俱进，融入时代发展的潮流。今天的旅游景观设计内容越来越具有文化性、多样性和丰富性。

　　旅游景观设计的内容在今天更强调文化性。这种文化性是旅游景观要展现出来的文化，及其衍生出来的一系列主题、IP、故事等文化产品。中国各个历史文化名城的博物馆、展览馆和遗址公园等都是这类强调文化展示的旅游景观，这类旅游景观的设计内容理所当然地要紧密围绕当地历史文化特色来展开设计。曾经有十多个王朝在古城洛阳建都，目前洛阳市有二里头遗址、偃师商城遗址、东周王城遗址、汉魏洛阳城遗址、隋唐洛阳城遗址等五大都城遗址。洛阳在进行旅游景观规划设计的时候，就充分根据自身悠久的古都文化来进行内容设计，如近年来新改建的隋唐洛阳城国家遗址公园，就是这样的旅游景观。而围绕各种主题、IP 衍生出的各种文化产品，会为旅游产业提供更多的附加值。仅仅是 2015 年在上海陆家嘴开设的迪士尼旗舰店，在当时就销售超过 2000 种商品，其中 90% 以上仅在迪士尼商店独家发售。销售商品并不是迪士尼的核心业务，但是和全世界的许多知名旅游景点一样，具有浓厚文化性的旅游纪念品销售商店一边提供旅游经济的增长点，一边也为旅游者带来欢乐的旅游体验。

旅游景观设计的内容在今天也更加强调多样性或多元性。任何文化都需要与其他文化交流，并随着时代的发展适应并融合新的文化营养才能变得更有活力，这是旅游景观设计内容多样性发展的内在动因。旅游景观设计的内容多样性发展，也随着今天的旅游者旅游需求的变化而不断进行着调整，这也是旅游景观设计内容变化的重要因素。今天的旅游景观设计内容，仅仅单纯复古已经无法满足旅游者，特别是年轻一代对旅游景观的要求了，长沙是我国首批"国家历史文化名城"，有"屈贾之乡""楚汉名城""潇湘洙泗"之称。但长沙的旅游景观设计并没有只以传统历史文化为内容。长沙将其"经世致用、兼收并蓄"的湖湘文化精神运用到了旅游景观内容的设计开发中，现在的长沙既有展示当地历史文化积淀的湖南省博物馆、岳麓山、橘子洲头；也有艺术气息十足的谢子龙影像艺术中心、李自健美术馆；还有网红、ins 气息浓厚的万家丽酒店（第十层以上）、海信广场文和友、长沙国金中心……长沙的旅游景观内容，完全可以在传统和时尚之间自由捭阖。

旅游景观设计内容还需要信息的丰富性。人类的信息传播随着科学技术的不断进步，已经达到了"信息爆炸"的程度，今天的旅游者沉浸大众传媒的宏阔信息流之中，已经与过去二十年前，甚至十年前的旅游者的旅游信息掌握度不可同日而语。当今的旅游者不仅仅见多识广，而且几乎人人都能熟练运用移动智能通信设备中的各种旅游软件、社交媒体软件等工具，可以随时查找最新的旅游信息及相关反馈评价。在这样的背景下，旅游景观中的设计内容也就必然要随时代发展、信息技术和传播媒体的发展而进行相应的调整。旅游景观设计中内容的丰富性已经成为吸引旅游者关注的重要因素。在心理学的角度上，人们能够感受到的信息并不一定都会被人识别，有很多人能够感受到的信息都被大脑过滤掉了，只有给人足够的刺激、被人注意到的信息才会被大脑识别。所以，旅游景观中的设计内容不能过于简单和日常，而且其内容信息必须丰富且多变，只有这样才能吸引旅游者的感知和兴趣。今天颇受游客欢迎的旅游景观很多都拥有足够丰富的有效信息，能够在景观设计的信息内容方面打赢旅游景观的"眼球争夺战"。

在今天这样一个大众传媒、数字传媒高度发达的时代，信息的数量与能量输出的大小成正比。旅游景观设计的内容也必然要适应数字传播时代的发展要求，内容即信息，旅游景观设计也要充分传达信息。

（二）功能和意义的传播

人类的旅游活动，是为了开拓人类生存和发展的空间。人类早期的旅游是为了走出一直生活的环境，发展到今天已经走向了更远、更美、更新奇的地区和空间，甚至维珍银河和太空探索技术公司（spaceX）等公司已经开始了太空旅游计划，2016年成立的中国长征火箭有限公司也计划涉足太空旅游……人类旅游的热情经久不灭，人类探索异域空间的脚步从未停歇。即使这种对异域空间的开拓只是短暂的行为，但是旅游带来的体验是陪伴人一生的宝贵财富。

从本质上来说，人类旅游活动所依托的旅游景观是一种文化空间。所有的旅游景观都是人类文化活动的产物，即使是自然旅游景观也是由人类的文化活动创造出来的，人类的文化活动赋予了自然景观和人文景观以旅游功能和意义。

旅游景观设计是一种传播活动，它的内容主要也是围绕着功能和意义展开的。满足旅游者的旅游功能是旅游景观设计内容要考虑的基本目标，传达文化意义是旅游景观设计内容的价值目标。

旅游景观设计内容中的"功能"紧密围绕着旅游者的旅游需求而展开。

按照马斯洛的人类需要层次理论，人从低到高有七大层次的需要：生理需要、安全需要、社交需要、尊重需要、知识的需要、美的需要和自我实现需要。旅游的目的和意义恰恰反映了人类的较高层次的需要。旅游并不是人类生存的必需品，我们可以看到，并不是所有人都会进行旅游活动，受条件的限制，过去中国人常说"在家千日好，出门一日难"，因为客观或主观的因素限制，旅游通常是少部分人的活动。即使在发达的国家之一美国，20世纪初统计表明旅游人数的80%来自占总人数20%的那部分人。前文我们论述过，旅游需要消耗不菲的金钱和与金钱同样宝贵的时间，如此"奢侈"的旅游活动，决定了旅游者对旅游景观的功能预期和需求是多样的、复合的。

通过千百年来人们对景观的改造、营建和设计，向旅游者展开传播，旅游者通过这种传播了解眼前景观的信息。旅游景观的设计使旅游者面对陌生的景观能够自发寻找新的景物，也能够获得保障和指引。不论古今，人们在面对旅游景观时，都要做一番类似的功课。古人更多的是靠向导，之后的旅游者靠地图、旅行团队和导游，今天旅游者更多参考网络游记和各种旅游攻略。不管面对什么样的自然景观，人们遇到溪流、山岭时都要寻找桥梁和道路，这是景观的基本功能。而且今天的旅游景观中还配备了护栏、候车亭、休息桌椅、路灯等各种公共设施，和指示标志、引导标牌等导视设计设施等共同构成了目前旅游景观的功能保障系统。通过导视标志，旅游者能够很轻松地寻找到餐饮店、商店、酒店、旅馆、游乐场所等服务设施，也能够在遇到旅游中特殊问题时到旅游信息服务中心或其他服务机构咨询求助。目前基本上所有的旅游景观，即使是自然景观，也会针对旅游者"吃、住、行、游、购、娱"等旅游功能进行一系列的功能设计。而且随着旅游业的发展，旅游景观中的"功能"设计，并不仅仅简单满足基本使用需求即可。

对旅游者而言，符合旅游期待、能充分满足旅游需要的旅游景观，其功能包括：食宿、交通等生存和使用功能，保护、导览设施等安全功能，充分周到的旅游服务信息展示传达等社交和尊重功能，购物街区、商场、销售网点设施等消费功能，名胜古迹、文博机构等背景介绍和展示等知识功能，自然景观和人文景观的优美和艺术性等审美功能，对名山大川的登临、对个人运动能力的拓展和未知领域的突破等自我实现功能，旅游景观中的很多功能并不是天然存在的，比如很多自然旅游景观，具有自然形成的得天独厚的优美景观，但是道路、台阶、护栏等必要的基础设施和其他交通、游览、娱乐等设施都需要设计者对各种旅游功能的设计和开发，设计者通过一系列的立意、构思、安排规划才能赋予旅游景观各种各样的功能内容，而且旅游景观中功能的传播也依赖旅游景观的内容统筹、规划和设计。

传播"意义"是旅游景观设计内容的价值追求。

旅游景观实际上就是旅游目的地的全部土地及其相关空间。旅游景观本身对旅游者来说就是承载着旅游目的地各种文化意义的符号，旅游景观是记载着当地的过去和现在，表达希望和理想，实现认同和寄托的精神空间。人们热爱旅游，主要是为了通过旅游来扩展人生的边界、追寻更大的生活空间和文化空间，验证从书籍和各种大众传媒中获取的关于异乡的知识，获得人生意义和价值的认可与满足。对旅游者来说，旅游的价值就是求新、求美、求趣等。在这些价值之上，更高的更大的价值就是有意义。

在汉语的语义中，"意义"一方面指"含义"，另一方面指"价值"。在前一章中我们提到过，"意义"包括人类的全部文化精神和思想观念。这对应着"意义"释义中"含义"的部分，属于"意义"广义的概念。对旅游者来说，旅游景观带来的狭义的"意义"，就是指旅游景观对旅游者提供的"价值"。旅游者通过对旅游景观的游览、游历，能够在景观中获得价值收获：通过旅游滋养、充实心灵，开阔人生境界，获得对生活、生命的感悟。

在今天的旅游景观设计内容中，对"文化"进行表现的必要性已经得到了普遍的认同，但是很多旅游景观的设计者并没有认识到普遍的"文化"并不具有"意义"的景观表现深度。"文化"在今天的景观设计中是一个流行且宽泛的词语，目前的景观设计的策划、构思或说明言必有"文化"二字：所有的景观设计都必然与某种文化结合，或应用到某种文化风格和文化要素。"文化"已经到了泛化的地步。实际上，所有的景观设计都是具有文化性的。城市整齐的建筑序列、通达的道路、散布的村落、纵横的阡陌……都是人类社会实践的产物，是物质和精神财富，以上的人类文明景观广义上都是人类文化的一部分。但是一般城市和乡村的规划设计，并不等同于旅游景观的设计。并不是所有远离居住地的城市都能算作旅游城市；同样，一般的景观也根本就不能算作旅游景观。一般的景观，如城市、乡村、田野，对当地居民来说能够提供其生活生产的条件，也能提供收获和产出，当然有其具有的功能和价值，但是它们并不具有作为旅游景观应该具有的特殊文化内涵和意义。

旅游景观中的自然旅游景观和人文旅游景观，不论是自然形成还是在人类历史中不断积淀形成的物质或非物质景观，都是具有观赏价值、历史文化价值、科学价值或生态价值的，而且它们是各国、各地区独特的文化象征符号，具有独特代表性的文化意义。

中国的庐山国家公园入选世界遗产名录符合的入选标准为：价值的交融，文化传统的见证，人类历史的典范，与具有普遍意义的事件相关联。[①]联合国教科文组织对庐山的评价是这样的："这里是中国宗教文化的中心之一，是中国古代佛寺、道观以及儒教的里程碑（一些著名的大师们在此传道）。在这里，各种文化轻松地融入美不胜收的景观中。这是一个启迪了哲学和艺术的地方，这是一个融入了古往今来精心沉淀的高质量文化遗产的地方。"庐山是我国最早入选"世界文化遗产"的名山，它的景观对中国文化有着特殊的意义，具有宗教、教育、政治为一体的符号特征。从司马迁登庐山开始，到陶渊明、李白、白居易、苏轼、王安石、朱熹等1500余位文坛巨匠留下16000余首诗词歌赋来表达对庐山的仰慕之情，山下的白鹿洞书院更是被称为古代四大书院之首。自近代以来，庐山在中国历史中与很多政治人物和事件紧密联系，在民国时期庐山是当时的夏都，对当时中国的政治影响举足轻重。庐山多元的文化底蕴和对中国近代历史的重要影响使其在中国文化史中占有独特的地位。

作为世界上非常令人沉醉的都市度假地，法国巴黎流淌的是时尚与艺术的血液，游人寻觅的也是能够代表巴黎时尚和艺术之都的景观符号。游客来到巴黎，这个全世界久负盛名的旅游城市，人们必去游览的景点包括：卢浮宫、巴黎圣母院、巴黎歌剧院、圣心大教堂、埃菲尔铁塔、蓬皮杜艺术中心等。当然旅游者也会去著名的香榭丽舍大街观光，可是游人观光的重点绝不仅仅是这条不足2公里长的街道本身，而是街道两边鳞次栉比的路易威登、古驰、香奈尔、蒂芙尼、卡地亚等世界知名奢华品牌店，和巴黎大皇宫、发现宫、凯旋门等建筑奇观。巴黎这座城市由于拥有众多的、充满文化艺术气息的景观，使它在世界知名旅游胜地中焕发着熠熠夺目的光彩。

在传播学领域中，特别注重"意义"（meaning）的交流。在人类社会的传播中，任何符号都与一定的意义相联系，这种意义就是精神的内容。从社会传播的角度对意义进行的界定是：意义，就是人对自然事物或社会事物的认识，是人为对事物赋予的含义，是人类以符号形式传递和交流的精神内容。旅游者在旅游景观中就是通过一个个具体、可感的符号来感受旅游目的地文化意义的。

---

① 联合国教育、科学及文化组织.世界遗产大全（第二版）[M].合肥：安徽科学技术出版社，2016.

旅游景观设计一方面代表着旅游景观体现的旅游功能方面的物质享受，另一方面则代表着旅游景观所承载的观念等精神享受。旅游者期待和向往的旅游景观一定是功能合理、意义突出的旅游景观，旅游景观的设计者在进行旅游景观的设计时，当然要注意旅游功能和文化意义两方面的设计内容。在创意旅游景观的内容设计中，要注重规划安排全面、合理、人性化、情感化的旅游景观功能；而且要使景观具有艺术性、趣味性和个性化等文化特征，并能凝练和突出当地文化的特征、主题和品牌等意义。综合功能和文化意义两方面的内容，是创意旅游景观设计要努力的方向。

二、旅游景观内容设计的三个层次

（一）浅层次——风格

综合考察旅游景观设计现状，当前旅游景观的内容设计水平和内容设计层次都是参差不齐的。以旅游景观内容设计层次深度的由浅至深，可以依次分为：浅层次——风格、中层次——主题、深层次——故事。

旅游景观的内容设计最为基础的就是风格。这里谈的"风格"是艺术作品在整体上呈现的有代表性的面貌，旅游景观设计的"风格"可以简单理解成它的艺术特点。通常具有较大知名度的旅游城市、旅游景观都具有自身的特色，也就是属于各个旅游景观的"风格"。我国西北的伊犁具有浓浓的北疆风情，东北的哈尔滨具有明显的俄罗斯情调，西南的西双版纳展现亚热带的傣家风光，东南的福建漳州土楼凝结客家文化风貌等，不同的旅游景观具有不同的底色，这种基本的底色基调就是它们的风格。

如果我们深入地研究"风格"，会发现它建立在旅游景观所处地域的文化土壤之上。对于旅游景观而言，风格是通过旅游景观环境建筑、公共设施、信息传达符号等所表现出来的反映时代、民族或艺术的思想、审美等的相对稳定的内在特性。每一个旅游景观的风格都与其地域环境、民族、时代渊源和文化艺术等具有密不可分的联系。

旅游景观中有相当的一部分，其风格是在其地域的经济、政治、军事、文化等发展过程中逐步形成的。如世界旅游名城巴黎，集中体现了法兰西文化的精髓，代表了古老欧洲的梦幻。作为"世界艺术之都"的巴黎，遍布着历史文化遗产和名胜古迹，宫殿、博物馆、美术馆、歌剧院散落在塞纳河畔。在19世纪中期，巴黎的城市规划将城市功能、产业等进行调整，将工业、制造业等迁出巴黎核心区域，用铁路运输取代塞纳河的航运，用金融业、高科技行业和高端服务业取代传统产业。市区内原有的工人区、弯曲的陋巷被拆除重新建设，取而代之的是通衢大道和街道两旁的新式公寓楼，这些举措使巴黎的生态环境有了明显改观，且街道宽阔、秩序井然，有着明亮而优美的天际线。在经过一系列的改造后，歌剧院、剧院、咖啡店、酒吧、书店、艺术品商店构成了巴黎的日常景观。巴黎的旅游景观总体风格是贵族气质的、奢华的、风雅的、艺术的，带有动感繁华的巴洛克宫廷格调，是名副其实的"花都"。在欧洲众多久负盛名的旅游胜地中，巴黎能在激烈竞争中独占鳌头，主要依靠其优雅的艺术氛围。如佛罗伦萨、罗马、米兰等意大利城市，虽然历史悠久、文化深厚，但与巴黎相比，意大利诸城的宗教氛围更为浓厚。而且，巴黎在近代以来不断吸引如星璀璨的艺术家云集于此，良好的艺术氛围形成了对艺术人才的虹吸效应，一代代的艺术名流又为巴黎的艺术风格不断增光增色。可以说，巴黎依靠近两百年对"艺术之都"的营造，使其成为著名的旅游城市。

还有一些城市和地区，虽然在历史上曾经有过辉煌，后因为时代的变幻而黯淡，但可以通过旅游景观的设计展现其历史积淀，重塑城市的景观环境。山西大同是首批国家历史文化名城之一、曾是北魏都城，辽、金、元初陪都，自古以来一直是兵家必争之地，有"北方锁钥"之称。大同还是我国非常著名的"煤都"，南北朝时期就已经对此地的煤炭资源进行开采，特别是新中国成立以来，大同为全国各地提供优质的动力煤，为国家的建设贡献了自己的重要力量。但是改革开放以来，大同集中精力发展工业，却忽视了城市建设。近几十年来中国经济高速发展，双文明与时俱进，可大同在精神文明建设上缺口越来越大，城市面貌陈旧、破败，城市整体环境与"煤都"的名称一样到处笼罩着灰黑色的粉尘，作为历史文化名城的大同与其他文化古城的差距也越来越大。2008年起，大同开始主打"文化牌"建"特色城"，对大同市和周边旅游景点进行整体规划设计，维护整修古城墙，改建华严寺、云冈石窟等著名景点，突出古都气象。大同市的新建城市景观，如火车站、博物馆、公交车站等公共设施的字体设计都以北魏风格为主。为了提高城市历史文化内涵，大同对道路的命名也非常讲究。重熙街、太和路、泰和路等道路是以北魏、辽、金时期皇帝的年号来命名；魏都大道、平城街、云州街、西京街、白登路等道路是以大同的历史称号、历史典故来命名。大同最知名的旅游景点云冈石窟，其修缮改造工程的意图是尽量恢复云冈石窟作为北魏皇家园林的基本风貌，建筑和配套设施设计以北魏风格为主，以古籍记载为蓝本，还原当年的景观风貌。北魏郦道元在《水经注》中记载北魏石窟，"山堂水殿，烟寺相望，林渊锦镜，缀目新眺"。说明在北魏修建云冈石窟的时候，附近本身就有水。云冈石窟景区进行改建时，经过反复推敲论证，最终在景区范围内设计了一处 0.8 平方公里的小池，不仅能美化景区环境，改善景区的微气候和生态，还可以部分地恢复云冈石窟当年的风采。

（二）中层次——主题

在确定了旅游景观设计的基本风格后，接下来要进行更深入的设计构思，就是"主题"。"主题"这一词语源于德国，最初是一个音乐术语，指乐曲中最具特征并处于优越地位的那一段旋律，也就是主旋律。它表现一个完整的音乐思想，是乐曲的核心。后来这个术语才被广泛用于一切文学艺术的创作之中。日本将这个概念译为"主题"，我国从日文翻译它时就借用了过来。我国古代对主题的称呼是"意""主意""立意""旨""主旨""主脑"等。主题是作者对现实的观察、体验、分析、研究以及对材料的处理、提炼而得出的思想结晶。它既包括所反映的现实生活本身所蕴含的客观意义，又集中体现了作者对客观事物的主观认识、理解和评价。在设计领域，"主题"涉及两方面：一是设计作品的内容；二是作品中所表现的中心思想。

突出设计内容或展现某种中心思想的旅游景观设计案例比比皆是。旅游景观设计主题的内容表现是非常丰富的，可以取材于世界各地的地名、建筑和遗迹、事件和人物、神话故事、寓言传说、人类文化中的各种概念等。比如，拉斯维加斯大道上的威尼斯人酒店、纽约的纽约酒店和卢克索酒店，其设计主题来自地名；陕西宝鸡的国家 5A 级景区法门寺，其景观设计就直接贴合这座始建于东汉末年、距今有 1700 年历史的建筑遗迹；意大利文艺复兴时期的著名园林景观兰特别墅（又称兰特庄园），设计主题来自古罗马诗人奥维德的《变形记》，设计师维尼奥拉在设计中从《变形记》的故事内容出发，采用水景为主线来串联景观；西安的大唐不夜城就是以中国古代的唐帝国风貌为主题，来设计营建旅游景观的；还有对历史文化进行展示的各种博物馆、纪念馆，对科学技术或自然地理等进行展示的科技馆等。这些旅游景观通常以非常丰富的、具象的景观设计元素来展现设计的主题内容。

山西大同的凤临阁酒楼始创于明朝正德年间，距今有 500 多年的历史，因明代"游龙戏凤"的故事和清朝"百花烧麦"的佳话而闻名于世，是历代名人雅士云集、美食家乐聚的地方。在漫长的历史岁月中，凤临阁酒楼的发展绵延不息，以其悠久历史、深厚积淀、传奇故事，成为拥有灿烂文化的名城大同的文化品牌之一。今天的凤临阁成为大同最著名的旅游餐饮景观。这座酒店的整体装修古色古香、精美绝伦，从建筑的选材用料、施工工艺、家具配饰和雕镂图案等都围绕着"游龙戏凤"的主题来展开。建筑外形采用中式楼阁式，搭配卷棚顶和起翘的飞檐，古典大方而又精致灵巧；建筑内外装饰以凤凰、缠枝牡丹等象征尊贵女性身份的图案为主，以表现"游龙戏凤"中被后人赞美的女主人公李凤姐；同时，酒店装饰的壁画、雕刻等还精选了大同历史名胜景点和故事传说，美轮美奂的室内装饰展现在整个建筑环境内，将历史文化、建筑文化、旅游文化、民间民俗文化与饮食文化完美融合为一体，形成独具风貌的"凤临阁文化"，与气韵典雅的大同古城风貌交映生辉。

另一大类主题的表现是以中心思想为主，这些旅游景观的设计元素通常较为抽象，或以具象元素配合抽象意境的表现，强调历史和文化意义、思想意蕴和环境气氛的展现，对旅游者的内心情绪、意识和思想的体验、感召和升华。这类以"中心思想"为主的旅游景观设计，通常能够展现宏大、厚重的历史氛围和意义，而且这种旅游景观常常具有相当深度的哲理思考和思辨精神。柏林的犹太人纪念馆和欧洲犹太人大屠杀纪念碑，就是这类旅游景观设计的代表。

欧洲被害犹太人纪念碑坐落于德国首都柏林，也被称为"浩劫纪念碑"，纪念浩劫中受害的犹太人，距柏林的标志性建筑勃兰登堡门仅一箭之遥。纪念碑由彼得·艾森曼及布罗·哈普达设计，于2003年开始兴建，2005年开幕并对外开放。纪念碑占地4.7英亩，由2711个体积不等的深灰色矩形水泥块组成，混凝土板长2.38米，宽0.95米，高度从0.2米到4.8米不等。游客走进纪念碑群后，会发现身边的混凝土块高度和间距会产生变化，随着路线向前深入，身边的混凝土块会越来越高，逐渐将人包裹其中，会使人产生一种压力逐步增大、心神不安的气氛。纪念碑表明统一后的德国承认它的历史，而且是在其首都的中心地带回忆其历史上最大的罪行。纪念碑使每一位参观者、今天的人们和我们的子孙，都能用清醒头脑和心灵去铭记人类历史上骇人听闻和无比悲怆的往事。

（三）深层次——故事

旅游景观内容设计的最高层次，就是将旅游景观与"故事"紧密结合起来。旅游景观的"故事"设计，其内容来源非常广泛，既可以来自文学作品、影视动画，也可以还原真实的历史事件或人物经历等。

旅游景观内容的"故事"与"主题"具有一定的相似性和同源性。如前文中对旅游景观内容设计的中层次——"主题"部分进行说明时，曾列举的意大利著名台地式园林兰特别墅，其设计主题的灵感来源于古罗马诗人奥维德的《变形记》，其中描绘了古希腊和罗马神话中的世界历史，分为：序诗、引子（天地的开创、四大时代、洪水的传说）、神的故事（卷一至卷六）、男女英雄的故事（卷六至卷十一）、"历史"人物的事迹（卷十一至卷十五）、尾声。兰特别墅整体依地势而建，主体景观由四个层次分明的台地组成：规整的刺绣花园、主体建筑、圆形喷泉广场、观景台（制高点）。别墅以水景为中轴和主线贯穿各个台地，并在每个平台处设置一处重要的水景欣赏节点，每个平台上的水景由高到低按《变形记》描述的神话世界的产生、发展的演变脉络与景观的内容相互应和，以水从岩洞中发源到流泻到大海的全过程为设计主线，并在其中选择重要的四个情节在四个平台上进行设计展现。

兰特别墅这种对文学作品中象征元素的使用，虽然与《变形记》的故事内容结合紧密，但是只能算作主题设计。因为这里的景观设计依据文学文本的内容进行了设计表现，能从中体会到其设计意图的只有熟悉《变形记》这部著作的人，这些极少数的、文学素养深厚的游客才能够辨识别墅中的这些喷泉、雕塑所代表的符号，并将这些设计与《变形记》结合到一起。如果是普通的当代游客，特别是跨文化的、完全不熟悉此作品文本的游人呢？对这些"不解风情"的游客来说，甚至很可能就会将此地的景观归类成最初级的"风格"一级，因为对于很多不了解西方文化的旅游者来说，河神、海神都不得辨别，更不要说理解其中的主题象征了。

对旅游景观内容设计的层次进行比较，是停留在"主题"还是深入到了"故事"，最核心的差异在于旅游者的体验。旅游景观设计所呈现的"故事"内容必须有能力将游客带入到一个故事的场景中，这种场景的搭建无异于营建一个电影或戏剧的场景，这个"故事"本身可以是完全虚构的和想象的，但是即使是虚构的故事，也要通过景观设计给人以真实感。旅游景观就是舞台，旅游者将亲身参与到这个故事当中。当游客进入旅游景观的环境范围，就相当于登上了一座舞台，游客本身就是演员。大幕随之拉开。

体验式旅游景观中将旅游者奉为"来宾"，而不是普通的顾客。因为在体验式景观设计中更是想旅游者之所想，旅游景观要营造的"故事"，往往是旅游者最喜欢的故事。通常成功的故事性旅游景观都是充分利用广受欢迎、引人入胜的故事——电影、动画、漫画、小说来进行内容设计的。即使是家喻户晓的故事内容，也需要非常强有力的设计才能将故事内容转化为景观的表现语言，并贯穿在餐饮、住宿、交通、购物、娱乐等各类旅游景观的服务设施中，旅游景观中的所有要素共同构成统一、完整的故事舞台。很多故事性极强的旅游景观为了让所有来到这里的旅游者拥有一种"大幕拉开、登上舞台"的体验感，都在景观整体和细节的"故事"方面煞费苦心。比如，上海迪士尼度假区的旅游景观规划设计就是一个庞大的系统工程，它的设计内容除迪士尼乐园之外，包括迪士尼主题度假酒店、迪士尼小镇、星愿公园等景观，甚至还有为迪士尼度假区专门修建的地铁站。在这个庞大复杂的系统中，除了将各种建筑、设施等环境要素作为迪士尼世界的布景，还将各种工作人员精心装扮成迪士尼世界舞台中的演员，在迪士尼世界商店中售卖的各种周边产品就是这场梦幻戏剧中的道具……所有的这一切为旅游者创造了一个迪士尼的梦幻世界，在这里每个旅游者都可以自动成为迪士尼一系列故事中的任意角色，也可以成为自己想要成为的任意角色。

第二节 旅游景观内容设计的创意策略

一、创意的优势

在体验经济时代，为了在激烈的旅游市场竞争中，吸引更多的客源，使旅游者获得良好的旅游体验，旅游景观设计必须在传统的风格设计、主题设计基础上，进行故事设计的提升，可以说是旅游景观设计的必然选择。特别是新建的旅游规划区、这种旅游景观的"故事"内容设计必然需要创意的加持。

久负盛名的旅游景观都依赖于得天独厚的自然造化、漫长的岁月积淀、超绝的天才设计，或以上三者的叠加。对于新规划或者新建的旅游景观来说，要吸引旅游者的关注并使他们产生实际的旅游行为，无疑是非常困难的。首先，新建的旅游景观很少能依赖自然的造化力量，特别优美、独具特色的自然风景早已被一代代旅游者和旅游景观的规划者开发出来了。其次，诸多久负盛名、有历史文化特色的景观也早已经变为各种不同等级的旅游景点，但还有很多历史文化悠久的地区由于种种天灾人祸缺乏古迹文物等遗存，缺乏旅游吸引物。对这类历史景观进行重建很容易停留在陈旧、惯性的思维里，将景观打造成千篇一律的古城、文化园等"假古董"，很难获得旅游者的好评。还有一类地区传统上一直不属于旅游目的地的范畴；或有一些零星的地域特色景观，还不具有较大知名度，对这类地区进行旅游景观的设计不仅仅有难度，更有风险。如果不经过一番深思熟虑，极有可能劳民伤财、资源浪费而达不到预期效果。

我们在遇到以上类似的景观设计困境时，可以利用创意思维来在新框架下重新思考旅游景观的设计。前文曾经提到过，对"创意"最直观的理解就是"创出新意"，创意设计是对旅游景观进行开拓性思考，激发潜力的探索过程。旅游景观的设计是复杂的系统化工程，其中包括建筑、道路、公共设施、绿化等方面，特别是要将景观设计上升到"故事"的层次，从设计内容上要考虑到具有充分的旅游功能，又要有足够的文化意义表达，还需要具有审美性和趣味性等，要满足这一连串的条件才能算是合格的旅游景观。在旅游景观的设计内容中要实现这么多的条件已经开始让人头疼了，但是设计师有一把万能钥匙，就是创意。创意是将一切景观设计内容有机结合起来的纽带。

创意是一种能力，更多的是一种探索的过程：想象各种可能性，提出新概念和新想法，展望未来、提出具有远见的预想。创意对于旅游景观规划和设计者而言，首先是一种系统性解决问题的方法，既能整体把握旅游景观、又能注重细节；其次是对旅游景观的目标定位和发展规划有明确的理解，对整个旅游景观的定位精准把握、了然于胸；再次是对整个景观设计的艺术性把握，旅游景观整体和细节是否具有足够的美感；最后是旅游景观是否具有趣味性、是否能调动和激发旅游者的情感，使旅游者获得丰富的情感体验。

创意设计的优势不仅仅在于能为旅游景观的设计提出新点子、开创新思路，更重要的是创意能够赋予旅游景观更高的品质，而且创意设计能推出新的价值。

创意设计能够提高旅游景观的品质，最重要的原因是创意设计能增加旅游景观的文化性。文化常常被嵌入到旅游景观设计的方方面面，包括硬件和软件，通过挖掘和激发地域文化特色，解决旅游景观设计的方法和潜能都获得增加，从而进一步推动旅游景观整体品质的提升。我们曾经讨论过的案例——西班牙毕尔巴鄂的古根海姆博物馆，是如何在毕尔巴鄂市管理机构的良苦用心和机缘巧合之下，经过握手古根海姆博物馆，和经验丰富、天赋异禀的设计师的大胆、超绝的前卫设计，共同合力塑造了毕尔巴鄂新的城市发展图景。

类似的例子还有很多：新兴"欧洲文化之都"——法国城市里尔，就巧妙地借助文化创意推动了城市的面貌提升和旅游业的蓬勃发展；日本横滨通过文化艺术提升城市魅力、打造"创意之城"，经过近40年持续不懈的设计管理，这座城市最终在实用和美学之间实现平衡，创造出了有个性特色和吸引力的城市景观，吸引了大量游人的到来。

旅游景观通过创意设计的加持，能够为旅游业相关的所有商业门类提升附加值。创意设计为旅游景观提供了更多的商业价值。

创意已经成为今天的旅游景观设计、旅游城市兴起和旅游业发展的共同引擎。

二、旅游景观的"议程设置"

（一）何为"议程设置"

"议程设置"（agenda setting）是对传播效果进行研究的诸多理论中一种，并且是非常重要的大众传播与环境认知产生交互影响的效果理论。"议程设置"是大众传播的一项重要功能。

在纷繁复杂的社会生活中，每天都有数不清的事情发生。因此，每个人都不可避免地要回答以下问题："最重要的事情是什么？""应如何认识、排列各种事情的轻重缓急？"人们通常没有意识到，大众媒介在这方面发挥着十分重要的作用。它通过反复报道某类新闻，不断强化某类话题在受众心目中的重要程度。这就是"议程设置"（或称"议程设置功能"）理论的中心观点。

一般认为，议程设置的基本思想资源，来自美国政论家李普曼（Lippman，1922）。他在《舆论学》（Public Opinion）一书中说："新闻媒介影响我们头脑中的图像"，即大众传媒创造了我们对于世界的印象。而与议程设置研究最有直接关系的观点，则来自伯纳德·科恩，他于1963年在《报纸与外交政策》中写道："多数时候，报界在告诉人们怎么想时可能并不成功；但它在告诉它的读者该想什么时，却是惊人的成功"。这句话成为早期议程设置思想的经典表述。

美国学者 M.麦库姆斯（Maxwell E.McCombs）与 D.肖（Donald L. Shaw）在1972年发表文章《大众传播的议程设置功能》，阐述了他们在1968年美国总统选举期间所做的实证研究，即大众媒介的报道对选民的影响，初步证实了大众传媒的议程设置功能。其基本思想是：媒介报道什么，受众就注意什么；媒介越重视什么，受众就越关心什么。换言之，媒介的议程不仅与受众的议程相互吻合，而且受众的议程就来自媒介的议程。该理论从问世至今，始终受到学界的普遍关注，有众多学者对此理论进行研究，使之成为传播学效果研究中最具生命力的理论之一。

"议程设置"理论的核心思想在于，大众传播媒介不能决定公众怎么想，但能决定公众想什么。媒介选择集中的报道对象，以此制造社会的中心议程并左右社会舆论的形成。

"议程设置"理论具有很强的现实意义,其根本价值在于凸显了大众媒介的一个重要功能:对公众的关注热点可以实施有效的转移。

传播的效果分为认知、态度和行动三个方面,这三个方面也是效果形成过程的不同阶段,"议程设置"实际上针对的是传播效果形成的最初阶段,即认知层面上的效果。简单来说,就是通过"议程设置"影响人们的"思考对象",也就是以告诉人们"想什么"的方式来把大家的关心和注意力吸引到特定的问题上。学者研究发现,通过"议程设置"大众传播常常对大众产生中长期的、综合的、宏观的影响效果。

(二)旅游景观的"议程设置"需求

旅游景观的"议程设置"研究需求,客观上是由目前国内旅游业的激烈竞争导致的。我国的旅游景区按照质量等级划分景区级别,共分五级,分别为AAAAA、AAAA、AAA、AA、A,其中5A等级最高,代表着我国世界级精品的旅游景区等级。到2022年7月15日,我国文旅部正式确定的国家5A级旅游景区有318家,分布在全国31个省、自治区和直辖市(不含港澳台)。江苏省有25家,排名第一;浙江省20家,排名第二;新疆17家,排名第三;四川16家,排名第四;四川的近邻重庆有11家(未列入前10);天津仅有2家,排在末尾。比较这些5A级景区,虽然它们处于同一等级,但其知名度相距甚远。很多5A景区大名鼎鼎、如雷贯耳,如北京的故宫、杭州的西湖、江苏的苏州园林、四川的九寨沟等,还有一些5A景区对很多外地游客来说并不十分熟悉,甚至有一些外地游客对其完全不了解,如浙江省的神仙居风景区、新疆的喀拉峻风景区、河南的八里沟等。我国幅员辽阔,独具魅力的旅游景观不知凡几,这些5A景区绝大多数普通游客不可能一一游遍,更何况各个省市地区广泛分布的其他等级的景区。可以说我国的旅游市场存在着非常激烈的客源竞争。

在如此众多的旅游目的地中做选择可不是一件容易的事情。旅游者作为独立的主体在被询问他或她最向往的旅游景点有哪些时,很多旅游者基本都能如数家珍,但如果选择下一次旅游最想去的、也是唯一的一个景点,几乎一半以上的受访者都会犹豫。旅游者的出行会受到很多因素的影响:个人爱好、功能需求、假期长短、交通、物价问题等。"个人爱好"经常不是决定一次旅游的最重要因素，比如一个生活在内陆的旅游者最喜欢滨海景观，但是由于附近城市新建主题乐园的开业，他很可能下一次旅行选择了附近的城市。而且很多旅游者并不能一个人单独出行，很多家长会带着孩子出行，家庭型的游客又会与个人游客的选择不同。中国的旅游者中退休老人群体也越来越多，他们经常结伴出游，对于这个群体而言，即使单独出游，由于年龄层次的问题他们的选择也与年龄较低的其他旅游者有较大的区别。如此种种，无法尽数。

面对复杂的旅游者群体和众多不同地域不同等级的旅游景区，我们要了解众多的旅游目的地当中，哪些是对旅游者来说最重要、最迫切、排名优先级最高的；哪些旅游目的地对旅游者而言因为种种原因，在旅游目标的排位中一再向后顺延。每一个旅游者心中都有一个无形的"旅游计划表"，上面记录着旅游者对当前旅游目的地向往度、喜爱度和可成行度的判断，以及在旅行计划表上优先顺序的认识。

所以，如何对旅游景观进行创意设计、采取哪些策略、规划方案和措施，对旅游景观的传播效果如何把控和引导等，都可以借鉴传播学中传播效果方面相关的研究成果来进行研究。

如果将旅游景观看作大众传播中的传播媒介，我们完全可以用来自传播学的传播效果理论来看待旅游景观。我国各种层次、各种类型的旅游景观虽然数量众多，存在着激烈的竞争，但是我国旅游业发展的巨大优势是我国旅游者和潜在旅游者（当然也包括海外旅游者）的数量非常庞大，只要一个景区有足够的知名度，并且对整个旅游者群体中的一部分人有足够的吸引力，就能够在旅游市场占有一席之地。那么旅游景观作为传播媒介，也面临着一场"眼球争夺战"。旅游景观的规划者和设计者完全可以借鉴"议程设置"理论来规划适合自己的景观设计方案。

（三）旅游景观的创意项目策划

今天的旅游者对旅游景观的认识来源非常丰富，旅游景观一方面可以被看作一种传播媒介，另一方面又是传播的符号和内容。在大众传播环境中，很多旅游景观会因为大型会展、赛事活动、作为影视剧拍摄场地或知名综艺节目录制场地等得到网络、电视、电影、杂志等传播媒介的宣传而获得广泛的大众传播，从而提升其知名度。

海南的小镇博鳌因为从 2001 年开始成为中国举办亚洲论坛年会的固定场地，兴建了会议场馆、五星级酒店等配套设施，成为著名的旅游景点。张家口因为 2022 年北京冬奥会的举办，兴建了一系列冬季运动场馆和运动员村等设施，成为冬季运动爱好者追捧的旅游地。张家口近年来还在康保草原景观地区举办国际马拉松比赛，在山地景观壮丽的崇礼举办越野赛等夏季体育赛事。通过体育赛事的传播，不仅在体育爱好者群体中，更在国内外旅游者群体中扩大了张家口的旅游知名度。上海的崇明岛由于韩寒导演的电影《后会无期》在此选址拍摄从而成为大热景点。同样，由韩寒执导的电影《四海》在 2022 年 1 月上映，拍摄地广东的南澳岛成为 2022 年年初，特别是春节假期大热的旅游度假目的地。近年来大量的综艺节目会到全国各地的旅游景区，或知名或不知名的城市、小镇、乡村等地点进行取景拍摄，比如《爸爸去哪儿》《爸爸回来了》《奔跑吧兄弟》《向往的生活》等。这些综艺节目提升了漳州南靖土楼、广州长隆野生动物园、济南的九如山、湖南常德的桃花源白麟洲的知名度。

还有很多旅游景观因为旅游者在各种网络媒体中以各种视频或图文形式发布，带来正向的连锁反应，获得较大知名度，甚至达到"爆火"的程度。在自媒体高度发达的今天，拥有良好创意旅游景观可以说是"酒香不怕巷子深"。

旅游景观的内容创意设计，要面对的是改变固有的设计思路。以往我们面对旅游景观往往仅仅将其看作一个个的景点，狭义地看待旅游景观，只关注旅游景点建成后可能带来的经济利益，仅仅针对旅游景点进行设计，而没有将旅游景观放到地区的整体环境中进行综合考量。旅游景观设计面对的不论是一个城市、一个旅游区，还是一个景点，它与整个地区的环境息息相关，与其他区域共同构成一个有机的整体。

旅游景观的创意设计离不开它所在的城市和地区。当下的旅游者到任何景点基本都是从一个城市范围到另一个城市范围的移动，这与旅游者在旅游过程中出行的方式相关，很多的机场、高铁和动车都在城市中心或城郊。旅游者的旅游目的地选择也往往与城市息息相关。即使是乡村旅游景观或自然旅游景观，旅游者不可能完全略过城市而直接进入旅游景点。旅游者坐飞机去三亚旅游，到达三亚的第一印象是凤凰国际机场给予旅游者的；旅游者乘坐动车到苏州，到达苏州的第一个印象是苏州火车站给予旅游者的。旅游景观不仅仅是旅游景点，它包含了和旅游者的旅游活动相关的一切旅游环境。着眼于旅游地的整个旅游环境，这是我们思考创意策略的出发点。

所以，旅游景观创意着眼点应该是对整个城市、整个地方进行设计打造，提出一个关键概念，把旅游目的地——城市或地方（小镇、乡村等）看作一个有机整体，把旅游景观设计看作一个大的项目，具有整体性、综合性的大项目。

把旅游景观设计看成是一个创意项目来进行策划，首先就是要针对本地特色进行项目的定位。如果规划定位准确，具体实施得当，就会对旅游目的地的经济、文化发展带来良好的推动作用。

法国的第四大城市里尔，位于法国西北部，毗邻法国和比利时的边界，与布鲁塞尔和伦敦临近。这样一个法国排名靠前的城市因为一直以煤炭、冶金和纺织业为经济支柱，缺乏旅游业的同时也一直缺乏国际知名度。而且在20世纪90年代里尔作为工业区遭遇了经济危机，发展停滞、居民委顿。在20世纪末到21世纪初，这个区域紧靠的"法—英"英吉利海底隧道贯通、高速铁路网的建成，给这个旧工业区带来了重要的转型契机，里尔作为可以跨境三国的城市，其地理位置及对周边地区的交通辐射改变了这座城市在国内外环境中的地位。里尔的市长敏锐地把法国城市发展通常使用的方针——"创造力 + 文化 + 经济"运用到里尔的城市发展规划中，从"里尔2004"这个具有原创性和多种艺术形式的项目开始，里尔开发出来一系列新型、有创意的城市管理方式，由艺术家发起的城市变革成为激发城市创造性和公民意识的原动力。"里尔2004"具体指的是里尔市和北加莱海峡大区所有的城市一起，在2004年为期一年的时间里成功地举办了欧洲文化年，承担这个活动的城市会被授予"欧洲文化之都"的称号。里尔抓住了这个通过举办重大盛事提升城市知名度的机会。同时，"里尔2004"作为欧洲文化之都的盛会，也促使里尔极大地改变了城市的面貌，如翻新和修葺老城区、新建剧场、开创12所文化休闲之家（有名的"疯狂屋"），计划新建多功能礼堂和一座"欧洲地区城市文化中心"。这种地区遗产的开发和文化活力的注入带来了旅游业的显著发展。里尔随着越来越多的举办大型文化会展活动，城市声望显著提升，也使当地的文化旅游、商业旅游越来越兴盛。

创意旅游景观设计项目策划的第二步，是要找出适合当地的文化概念。过去人们一直认为，环境、经济、社会是可持续发展的支柱，现在可持续发展的支柱之一还要加上文化。对于旅游景观而言，文化就是资源，同时也是旅游景观的资产，是创意的源泉，也是一个地区的旅游景观具有特殊性和文化认同的根源。文化可以驱动旅游景观通过设计向前发展，成为旅游者都想登上的舞台。旅游景观的创意设计，常常要根据旅游目的地的历史和文化提出一个富有吸引力的概念，紧接着围绕这个概念来进行规划设计。

创意旅游景观作为一个项目来进行策划的第三步，是要为在这里生活的所有人，不仅仅是旅游者，也包括当地居民，为他们创造宜居、有品质的生活环境。

横滨是日本的港口城市，由落后的小村庄发展为城市只有 150 余年的历史，但它很早就注意到保持城市视觉吸引力的重要性。横滨的城市设计既注重实用价值，即城市功能和经济效益，又注重美学价值，即美观、趣味和舒适，创造出了有特色和吸引力的城市景观。横滨非常注意对城市步行空间的设计改造，包括步行商业街、街角广场、公园、历史建筑的保护、照明设施和绿化植被等。横滨创造出一个适于步行的、优美舒适的景观序列。公共空间都得到了精心的设计和安排，如未来港轨道线沿线的每个车站、公共设施和公共标识、咖啡等自动贩装置等。横滨这座城市景观环境拥有非常宜人的步行尺度，不仅满足了旅游者的漫步游览需求，也方便和美化并丰富了市民的生活。横滨城市在发展旅游景观的同时，也提高了市民的生活质量。横滨海滨城市怡人的气候、靠近东京城市圈发达的交通体系和良好的城市环境，吸引了越来越多的艺术机构和项目在此落户，很多文化、艺术方面的学者、创意人员被吸引到此地，使这里获得了城市发展的正向推动力。

三、旅游景观的"使用与满足"

（一）"使用与满足"理论简介

传播的效果分为认知、态度和行动三个方面，这三个方面也是效果形成过程的不同阶段，"议程设置"实际上针对的是传播效果形成的最初阶段，即认知层面上的效果。而"使用与满足"理论针对的是传播效果的中后阶段，即态度和行动方面的效果。"使用与满足"研究的出发点就是以受众为中心，研究受众是如何使用媒介的。

"使用与满足"研究起源于 20 世纪 40 年代，这一时期主要的研究方向是了解受众使用媒介的动机。当时，美国家庭收音机普及率很高，但美国此时还有很多不识字或受教育程度较低的普通百姓。广播是当时群众最喜闻乐见的大众媒介，为了发挥广播的普及知识和教育的功能，在广播频道中会播出很多以启蒙、教育等为目的的节目，但这类节目远未收到预想的收听效果，收听率高的节目普遍是格调不那么高的肥皂剧、轻喜剧等娱乐节目。

哥伦比亚大学的赫佐格（Herzog）研究了当时的家庭主妇收听广播连续剧的动机，她发现人们收听广播连续剧的目的是多样的：为了逃避日常生活的烦恼、为了吸取经验教训、为了体验不同生活情境等。

"使用与满足"理论流行起来是在 20 世纪 70 年代以后，美、英、瑞典、日本等国的学者都对这一领域进行了调查研究。传播学者卡茨（Katz）于 1974 年发表论文《个人对大众媒介的使用》，对"使用与满足"这一研究方向进行了总结，提出了对此方向研究的基本逻辑，即对大众媒介的使用"需求"是具有社会和心理根源的，这种"需求"带来了"期望"，即对大众媒介和其他信源的期望，它导致了对各种形式媒介的接触，获得了"需求"的满足或其他意料之外的结果。

"使用与满足"研究从受众的需求和满足的角度来考察传播效果，强调了传播过程中的受众的主动性，指出大众传播对受众是有效用的。但是，它在基本假设及研究方法方面都存在缺陷，因此，自 20 世纪 70 年代盛行以来也一直受到批评。对该理论进行研究不能忽视以下三个方面：

第一，受众对大众传播媒介的"使用和满足"是受到社会结构和社会环境因素的影响的。

第二，受众对大众传播媒介的接触经常是漫不经心的、随机的；受众只能在媒介提供的有限范围内进行选择，受众的主动性是受到部分限制的。

第三，媒介内容对受众产生的影响，也包括经常出现的受众对大众传播媒介接触中因为各种原因而导致的误读。

（二）旅游景观设计与"使用与满足"理论的关系

如果将旅游景观看作大众传播媒介的一种，那么旅游者就是旅游景观的受众，每一个久负盛名的旅游景点都会迎来众多的游客。比如，北京的故宫博物院，据相关部门统计，目前故宫平均每天接纳的游客人数在三万左右。在节假日，故宫接纳的游客人数往往会增多两倍，高达六万人次，最高纪录是十二万人次，翻了六番。近年来，故宫的游客人数都呈现出直线的增长趋势，每年故宫的可接纳人数都在增加，基本每年的接待人数都要以千万计。法国巴黎的卢浮宫博物馆在2019年的年接待游客量是960万余人次。在人员流动正常的社会中，特别是在人口基数庞大的中国，旅游景观的受众人数是非常可观的。

旅游者从整体上可以看作一个巨大的集合体，但这个集合体又是由一个个具有社会多样性的个人组成的。在旅游业发展越来越快速的今天，旅游活动的开展也越来越普及，旅游已经成为大众休闲、娱乐、游憩方式的一种。旅游活动给旅游者带来的经历、体验和回忆，在很多旅游者的生命中都占据着重要的位置和具有重要的意义。旅游者在众多的旅游景观中是如何选择的？旅游者在旅游景观中的经历和体验会给他们带来怎样的效用？旅游者在旅游景观中如何使用景观功能？又获得了哪些旅游需求的满足？

借鉴传播学中的"使用与满足"理论，对旅游受众的态度、行为等进行研究和考察是十分有必要的。"使用与满足"研究从旅游受众的角度出发，通过分析旅游者的旅游景观选择动机以及这些选择满足了他们的哪些需求，来考察旅游景观给旅游者带来的心理和行为的效用。这种研究方向着重关注旅游者通过旅游景观受到了哪些影响。

这种研究方向把旅游者的需求作为衡量旅游景观传播效果的基本标准。这个研究视角的重要意义在于：

第一，旅游者对旅游景观的选择和接触是基于旅游者个体需求对旅游景观内容进行选择的活动，这种选择具有旅游主体的主观能动性。旅游者在旅游活动中并不是一个被动接受的群体，旅游者的主观能动性必须受到重视。

第二，旅游者对旅游景观的选择、接触和使用具有形态的多样性。旅游景观通常具有复合的旅游功能，即使是在同一个旅游城市或景区中，旅游者对其中旅游景观不同部分或不同功能的选择都不尽相同。这种选择多样性中具有一定的随机性，也具有一定的共性，作为旅游景观的设计者，要对旅游者的选择共性进行关注和研究。

第三，旅游受众容易受到旅游景观设计内容的影响和引导，旅游受众在接触和解读旅游景观的设计内容中也经常出现误读的现象。旅游受众对旅游景观的接受过程实际上是一个符号解读的过程，旅游景观所提供的设计符号体系本身就有旅游景观设计单位或个人的倾向性，受众对旅游景观设计内容的符号解读容易受这种倾向性的影响。借鉴"使用和满足"理论，有助于研究如何避免旅游者产生误读的相关问题。

（三）旅游景观针对旅游者"使用"和"满足"的设计创意

旅游受众，也就是旅游者，是一个个的个体或一个个家庭，他们的需求无疑是多种多样的。旅游经费和假期充裕且富于猎奇精神的旅游者常常会远赴异国、异域，进行一场满足好奇心的远途旅游；上班族的旅游需求常常是休闲、休憩、修养身心，通过旅游甩掉身心疲惫、纾解压力、带来疗愈；学生族的旅游需求经常是开阔眼界、增长见闻，如近年来针对中小学生"寓教于游"的需求开展的游学旅游等；还有一些旅游者为了了解或研究某一领域的知识进行的专门的考察、采风旅游等；很多中老年的旅游者会为了重温一段生活经历或唤起一段记忆而挑选特殊的旅游目的地，如我国经历过"上山下乡"的老年人热爱的知青岁月之旅；还有一些旅游者会为了铭记一段历史而进行一次旅游，比如我国国内的爱国主义教育基地之旅、红色文化主题之旅等。

旅游者的需求不仅仅多样，而且充满了复杂性和矛盾性。这种复杂性和矛盾性在于，旅游景观本身就是"食、住、行、游、购、娱"多种旅游功能的复合体，除此之外，还要满足旅游者的众多心理需求。还有很多旅游者希望在一次旅游中同时满足多个需求，一个旅游团队，甚至一个旅游家庭中的各个成员对旅游景点的需求经常南辕北辙。年轻人更喜爱登山、穿越密林、刺激的游乐园，甚至体验极限运动，但是中老年人因为身体的原因，更喜欢气候温暖舒适、地势平缓少台阶的景点，对景点的知名度有较高要求，但对新奇度要求较低。

将旅游者群体按年龄、收入、性别、职业、健康程度等进行分类，可以细分为很多层次，而将旅游者作为数量众多的单个个体来研究需求更是几乎不可能的任务。但可以从宏观视角将旅游受众作为一个整体来把握，可以发现旅游者也有很多共性的需求。

首先是"使用"的需求，即旅游者对旅游景观的功能需求。

旅游景观中围绕"食、住、行、游、购、娱"等旅游要素进行创意设计，基本能够满足旅游者的功能需求。饭店、酒店、机场、火车站等交通设施、旅游景区景点、购物中心、旅游纪念品商店、娱乐设施设备等，都是旅游景观中的一部分，是旅游者在旅游目的地能否实现旅游需求的基础条件和重要保障。以酒店（宾馆）为例，对其进行创意设计，使旅游者能够在其中享受到安全舒适的住宿环境。同时，酒店的外部形态也是旅游目的地社会文化的一部分，不论是世界各地的利兹卡尔森酒店、迪士尼主题酒店等高端度假酒店，还是西藏的"松赞绿谷""浮云牧场"，丽江的"花间堂·植梦"等精美的民宿，经过精心设计的酒店（宾馆）往往能够完全超越为游客提供住宿的旅游设施这一使用功能，而使旅游者获得更多的满足感。

其次是"满足"的需求，即旅游者对旅游景观的心理需求。

第一，休闲需求。旅游者的不论长途还是短途旅游，最普遍的需求就是获得休闲的时光和放松享受生活的旅游体验。绝大多数旅游者的旅游时间都是利用宝贵的假期来进行的，旅游中旅游者需要不同于日常繁忙、快节奏、高压力的闲适感受。

第二，快乐需求。和休闲需求一样，属于非常普遍的旅游需求。很多旅游者希望通过旅游来调控情绪，提升个人的正面情绪、消解或减弱负面的不良情绪，从而获得快乐，乃至"畅爽"的旅游心理体验，获得旅游的满足感。

第三，提升自我需求。古今中外，很多历史人物的成长都与丰富的旅游或旅行经历有关。我国古人说"读万卷书不如行万里路",很多名留青史的伟大人物都曾经走遍大江南北,通过饱览山河风光、体察各地民风民俗来提升经验阅历、更完整地认识社会、认识自我,最终提升人生境界。旅游者通过旅游目的地的自然环境、社会环境的认知和互动,能够获得非常丰富的旅游体验,从而获得旅游的满足感和幸福感。

总之,旅游景观的创意设计必须针对旅游者的旅游需求而展开,通过创意赋予旅游景观更高质量的实用性、审美性和趣味性,使旅游者在旅游过程中获得满足感乃至幸福感。

第三节 旅游景观内容设计的创意表达

一、内容设计三层次的综合运用

（一）内容设计的叠加和融合

旅游景观内容设计非常丰富,一方面,在旅游景观中功能需求和意义表达经常融合在一起;另一方面,景观设计的风格、主题和故事等不同层次的设计经常交织在一起,共同构造旅游景观精彩的内容。

很多享誉中外的旅游城市,其旅游景观内容之丰富如同一座沉积已久的宝贵矿藏,游客一次游览仅仅能瞥见一角,引得游人流连忘返、一再光顾。这就是旅游景观丰富内容设计的魅力所在。

中国很多著名的古都城市,如西安、洛阳、开封、南京、成都、杭州等,他们中的绝大部分都有不止一个朝代在此建都,如西安和洛阳都被称为"十三朝古都",开封号称"八朝古都",南京被誉为"六朝古都""十朝都会",成都是七朝古都,杭州是五代吴越国和南宋的都城。对这些历史悠久的城市进行旅游景观设计时,就有丰富的历史文化可以进行借鉴和应用。而且它们在漫长的时间中留下了深厚的文化积淀、不可胜数的文化遗珍,待后世子孙来挖掘、欣赏和利用。

还有很多著名城市的旅游景观经常是自然旅游景观和人文旅游景观的融合，如北京的西山和明清古建筑、大同的恒山和云冈石窟、成都的青城山和都江堰、杭州的西湖和灵隐寺等。自然景观的钟灵毓秀和人文景观的巧夺天工有机融合在一起，形成了多彩多姿、令人目不暇接的旅游景观。

本章第一节介绍了旅游景观内容设计的三个层次，设计由基础到深入依次为风格层次、主题层次、故事层次。广义上说，这三个层次的景观设计都需要创意。虽然在今天，"体验经济"方兴未艾，旅游者对旅游景观设计要求越来越高，但并不意味着旅游景观只有进入到"故事"创意的层次才是好设计、好景观。例如，遍布苏州的江南私家园林：拙政园、狮子林、留园等，集中了建筑、诗词、书画等多种艺术形式的精华，突出体现了中国古典美学风格，并在每个园林景观中都凝聚了中国知识分子和能工巧匠的智慧和创造力，蕴含了儒、释、道等哲学思想，其高超的艺术内涵和表达技巧，依然是今天的景观设计师学习的榜样。

通常来说，旅游景观需要在风格方面有突出特色，主题方面有明确定位，做到这两点就已经可以算是非常不错的设计了。在以上两个层次的基础上再进行旅游景观的故事创意，使景观内容充实完善、富于艺术性和趣味性，是对旅游景观创意设计的更高要求。经过旅游景观内容设计不同层次创意设计的叠加和融合，才能赋予旅游景观以符号的丰富度和体验深度。

除一些特别知名的旅游目的地，经过多年来一代代学者和设计者的努力，为我们留下了创意精妙的旅游景观外，目前很多新建的旅游景观仅仅停留在关注风格阶段，还没有对主题给予特别多的关注，更不用谈论故事设计的层次。如何对旅游景观的内容设计进行有层次、有深度的设计，是旅游景观创意设计表达的重要研究领域。

（二）宏大叙事与精巧的小故事

在当今这样一个全球化、信息化的社会，随着旅游者眼界和消费能力的日渐提高，旅游者对旅游景观的要求也越来越高。很多旅游景观的规划部门把设计重点单纯放在旅游景点上，而忽视了其他旅游景观，殊不知旅游者从到达旅游目的地的那一刻开始，就带着审视、评判的眼光来看待周围的一切。旅游景观包含了旅游目的地的机场、火车站、客运站、公交车站等交通设施，酒店、宾馆、民宿等住宿休息设施，饭店、美食街等餐饮设施，商场、购物中心、购物街等商业设施，游乐场、主题公园等娱乐设施。旅游景观的内容设计应该将全部景观环境统合起来进行设计，要使旅游者从来到旅游目的地的那一刻开始，就能感受到这个城市（或乡村）独特的面貌，与日常生活相比较旅游景观环境呈现出的文化的差异性和独特性，这样的环境才能够快速地将旅游者带入旅游行为的良好体验中，觉得物有所值、不虚此行。

旅游景观的内容创意设计追求的是风格突出、主题确定、故事充实。很多旅游城市或其他类型的旅游目的地文化底蕴深厚，其景观设计的出发点可以有多种风格或主题，也可以有多种故事创意的可能，但纵观国内外的知名旅游城市，每一个都有它独特的风格主题。西安这座十三朝古都近些年的城市规划和新建景区都以磅礴大气的盛唐风格为主，杭州向清新高雅的"宋韵"风格发展，巴黎以华贵雍容的法国宫廷风格为主要基调，佛罗伦萨则以人本理性的文艺复兴风格为基础。但在这些"底色"之外，这些旅游城市中还有很多其他风格的景观，如巴黎的城市面貌就包含了巴洛克、洛可可、古典主义、折中主义、现代主义、后现代主义等多种风格。就主题而论更加庞杂，此处不一一列举。可以想见，单一的景观风格过于单调，在独特性中融合多样性，才是旅游景观设计的追求目标。而且不论是风格、主题、故事设计，都不应简单地叠加，而是要努力做到不同的内容巧妙地融合，使旅游者在景观环境风格、主题的切换中自然地过渡。

无锡是江苏省第二大城市，位于长江三角洲平原腹地，是太湖流域的交通中枢，京杭大运河从城中穿过。无锡作为"中国历史文化名城"之一，是重要的风景旅游城市，但它在旅游城市中的地位与同为"华东五市"的上海、南京、苏州、杭州相比要弱势很多。很多旅游者在选择旅游目的地、安排旅游路线时会忽视无锡。首先，因为无锡的地理位置，它地处上海和南京之间，南接苏州，位于这几个久负盛名的旅游城市中间，是影响旅游者选择的不利因素之一。其次，无锡市整体旅游景观环境缺乏独特的风格。上海具有更加时髦的海派文化，南京给旅游者的印象是古都、传统文化和近代史上的名城，苏州、杭州是江南园林和水乡的代表、风景如画……无锡的旅游景观与这几个城市相比，不论是上海、南京，还是苏杭的特色，它都是有一点，但又没有这几个城市带给旅游者的那么突出的整体印象。

如果旅游者来到无锡，一走出车站或机场，就会发现这里的城市面貌非常现代。作为中国人均 GDP 最高的城市，无锡的经济非常发达，城市大量拆除了老建筑，新兴的城市环境以现代玻璃幕墙建筑为主。在市区内除少数地铁站、城市壁画、商场装饰等具有江南园林、水乡符号的装潢外，如果要感受江南水乡、漕运名城的风采，就要去南长街走走，但免不了又会被见多识广的旅游者拿来与苏州的山塘街等比较一番。总体来说，无锡城市的"新"也是它在旅游景观设计中的不足。

实际上，无锡的旅游景点种类繁多，数量也相当可观。自然景观有太湖、鼋头渚；人文景观中有园林类的寄畅园、蠡园，历史景观有东林书院、惠山古镇，影视基地类的有唐城、三国城、水浒城等，特别是近年来知名度越来越高、有"华莱坞"之称的无锡影都……对这样一个有着 3000 多年历史的文化名城来说，如何赋予它更有特色的景观风格、更加鲜明的旅游主题、具有更高体验性的景观"故事"创意，是目前无锡旅游景观设计亟待解决的问题。

对无锡旅游景观内容设计进行创意整理、破局和重塑，完全可以采用"宏大叙事"和"精巧小故事"相结合的表达方法。

对照西安、大同、杭州等城市的旅游景观整体风格定位方式，不难看出，这些旅游城市都是从当地的历史发展的脉络中选取最为辉煌、最有代表性的历史阶段的风格，作为城市景观环境设计的基调的。在城市整体风格确定后，再根据城市中的各个不同分区、景点等的具体特点，进行小范围的主题设计，或进一步进行故事化的精巧打磨，在整体风格框架下，又有不同的风格和主题，使得整个城市的旅游景观内容更加丰富，使旅游者获得"游之不尽"的深度旅游体验。

西安理所当然地选择了唐代长安城的风格，并在近年来的城市规划中进行宏大的改建，意图将西安打造成国际历史旅游名城，逐步恢复历史上曲江沿岸的皇家园林风貌，兴建大唐芙蓉园、大唐不夜城等旅游景观。

大同在历史上是我国北方的重镇，一直有"三代京华、两朝重镇"之称，在21 世纪初开始的大规模城市环境改建时，其整体风格主要凸显它曾作为北魏都城的历史。在大同市内也散布着从北魏到明清各时代风格的旅游景观：以北魏风格为主的云冈石窟，辽代风格的华严寺，明代风格为主的古城墙……在大同市中心的平城区，游客在南北向的下坡寺街就能游览辽代、明代等不同朝代风格的古建筑和仿古建筑，可以在一条旅游街区看到不同风格和主题的旅游景点。

无锡城市整体风格应该落于何处？作为有着 3000 年以上历史的名城，有文字记载的历史可以追溯到商代末期，西周时期属吴国，后归为越国、楚国。之后历朝历代都属于江南重要的县、州。无锡自古就是鱼米之乡，素有布码头、钱码头、窑码头、丝都、米市之称。无锡也是中国民族工业和乡镇工业的摇篮，在我国近代史上异军突起，借助上海开埠的机遇，以纺织、丝绸、粮食加工为主的企业快速发展，开创了中国近代工业发展史上最多的"第一""之最"，如 1985 年杨宗濂、杨宗翰创办的中国第一家商办纱厂——业勤纱厂，全国第一家纺、织、染全能工厂——丽新纺织厂等，据说当时占据的全国第一纪录有 25 个之多，留下了无锡近代工商业企业家实业救国的创业史。

纵观无锡历史，从商周到清朝，再到近代，可以说近代这段工业迅猛发展、全国领先的阶段是无锡成为近现代工业名城的重要起点。当时的无锡有"丝都"之称，无锡丝厂总数、蚕丝产量、品质和出口地位都居全国榜首，丝质量超过了日本，居于世界领先水平，无愧"丝都"的称号。可以说近代是无锡历史上勇立世界潮头、最为辉煌的时期，对无锡整个旅游景观环境的定位完全可以以这段时期为基础。现在的无锡城市面貌整体较"新"，呈现出繁荣的现代工商业城市环境，在此基础上适当地利用旧厂房改造、老旧街区改造等保护、整合"旧"城市景观，在城市景观中部分地恢复近代的年代感是完全可以做到的。

无锡旅游景观的主题设计是多种多样的。从 20 世纪 80 年代以来，无锡就开始不断打造新的旅游景观。目前无锡的旅游景点中有以中国历史为设计主题的，如唐城、三国城、水浒城等；有无锡影都这样，以电影文化为主题的；也有如灵山胜境、灵山大佛这样的宗教景观；更有如中国丝业博物馆记录无锡地域特色和丝都历史文化的。其中无锡三国影视城，又名中央电视台无锡影视基地，位于江苏省无锡市美丽太湖畔，是国家首批国家 5A 级旅游景区，也是中国首创的超大规模全沉浸式影视拍摄和旅游基地。

接下来，无锡只需要在三国影视城、无锡影都这类旅游景点中，在主题设计的基础上，继续深入挖掘景观故事化的设计表现，就能营造出更具新奇感、体验感的创意旅游景观了。

二、景观即舞台

（一）景观环境营造舞台

今天的旅游景观设计必然要充分发挥创意的优势，才能在快速变化、高度竞争的社会经济、文化发展中脱颖而出。创意是一种全方位解决问题、创造机会的能力。旅游景观作为"故事"创意的传播媒介，设计者将自己旅游景观的"故事"内容以景观的方式进行信息传播，难度远超过文学、电影等传播媒介。文学和电影更多地可以采用直观的文字、语言和形体等表现作者的意图，但是旅游景观的设计要困难得多。

旅游景观内容的"故事"设计并不是全然没有方法的。在进行"故事"设计之前，可以先进行"主题"的构思，也就是"立意"的阶段。比如迪士尼公园，它的名称就告诉我们，这个公园的景观一定是围绕着迪士尼的相关动画和电影主题来展开设计的。主题的确立可以帮助设计师进行景观整体框架的设计。

迪士尼公园的整体设计就是先引导旅游者进入一个梦幻的童话王国。从地铁站或停车场开始进入迪士尼度假区的范围，就能看到越来越多主题鲜明的迪士尼标志，通过一条景观道和直通主题公园大门的天桥的引导，伴着"A whole new world"的迎宾曲，游客从感官到内心都被充分调动起来了，准备进入美妙的迪士尼新世界。

北京环球影城主题乐园也是如此。来到度假区范围，非常醒目的标志就是北京环球城市大道上的主题标志，一颗被"Universal"环绕的地球模型，从城市大道就能一往无前地步入闪耀的奇幻之旅。

旅游景观的整体"主题"设计框架中，除了供游客娱乐游玩的景点，其他附属功能区都应注意保持主题设计的一致性。我们还是以迪士尼度假区为例，除乐园外，迪士尼酒店、迪士尼小镇和星愿公园等都保持着与乐园内景观水平旗鼓相当的设计水准。迪士尼酒店并不是主题公园的附庸，而是迪士尼世界的一部分。游客来到迪士尼酒店同样拥有步入童话世界之感。迪士尼酒店内部装潢追求营造城堡、宫殿般富丽堂皇的效果，每间客房都是浓浓的童话风格，极其丰富的内部装饰细节，使入住的游客甚至能感受到奇妙仙子的魔法仙尘在床头轻轻扫过。酒店的公共区域内有很多"童话朋友"即迪士尼动画人物，可以与游客嬉戏、拍照。酒店外的星愿湖上有供酒店住宿客人专享的摆渡客船，可以将游客从星愿湖边直接送到乐园门口。

接着将要进行具体的"故事"情境设计了。旅游景观是故事的舞台，旅游者本身就是参与者，甚至是故事中的演员，是整个旅游景观环境中的重要组成部分。进入旅游景观的范围，整个景观环境应该根据所要表现的"故事"内容给旅游者一种大幕即将拉开的感觉。要实现旅游景观的"舞台化"，使旅游者感受登上故事舞台的真实，在景观中除整体风格的一致性、主题设计符号的大量应用外，还必须有生动的细节。就如迪士尼乐园中的景观设计，加勒比海盗项目范围内就会有海盗们的久经海浪、风吹日晒的海船，船上的桅杆、绳索、船锚都如同真正在大海中穿行了百年的状态。引导旅游者体验故事情境的除了视觉的细节，还有其他感官的设计，如一些景观采用的借助人造风、喷洒空气清新剂等触觉、嗅觉设计的加入。听觉的融合应用更加常见，如在迪士尼乐园内根据不同项目设施都有配套的主题音乐，而且度假区的任何一处，如迪士尼酒店、奇想花园、明日世界、米奇大街等都有自己的主题背景音乐。

旅游景观的"故事"设计无疑给旅游景观的设计师提出了更高的要求，旅游景观要成为一座旅游者可以身临其境的舞台，为旅游者提供与日常生活迥异的景象，使游客获得新奇而又真实的体验。

宋城是杭州第一个体现两宋文化内涵的主题公园，开园于1996年。作为一个以中国味道和中国本土内容为支撑的主题乐园式旅游景观，其景观风格为宋代风格，建筑物基本模仿北宋建筑名作《营造法式》中的范式而作，环境背景设计以宋代的《清明上河图》为设计蓝本。宋城景区宣传语为"给我一天，还你千年"，其中有"大宋皇宫""宋城衙门"等场景再现，还有由很多演员进行的如"机甲侠客""抛绣球招亲"等随机场景表演。其中的灵魂演出《宋城千古情》更是为游客营造了极强的两宋文化氛围。

（二）旅游景观的场所精神

"场所精神"来自建筑现象学领域的研究，最早由挪威的建筑学家克里斯蒂安·诺伯格·舒尔茨提出，场所精神是诺伯格·舒尔茨建筑现象学的核心。[①]

"场所"（place）是特定的人或事所占有的环境的特定部分，通常所指特定建筑物或公共空间活动处所。建筑现象学赋予了"场所"更深层的概念，"场所就是由人造环境和自然环境结合而成的有意义的整体"。[②]"场所精神"顾名思义，就是场所蕴含和表达的精神内涵和意义。

如日本建筑大师隈研吾在《场所原论——建筑如何与场所契合》一书的前言中所言，"在 20 世纪之前，在不同地方、不同场所存在着各种各样的建筑技术和建筑材料，构成了那些地方特有的景观，孕育着当地的文化。但从 20 世纪开始，这一切全部被混凝土和铁破坏。"[③]20 世纪的建筑国际主义统一了世界各地三分之二的天际线，包括旅游景观的设计发展也受到了极大的影响。很多新建旅游景观缺乏"场所精神"的表现，甚至很多景观设计严重脱离原有的地域文化，毫无当地原有的自然和人文景观传承。

太湖之滨的历史文化名城湖州，有一家坐落在太湖风景区的重要地标建筑，同时是湖州重要旅游景观之一的湖州喜来登酒店，因其外形被旅游者戏谑地称为"马桶盖"。这座酒店大楼整体近乎椭圆的环形，据称设计灵感来自月亮，其楼体的夜景灯光打开后整体视觉效果带有抽象的月色之美，但白天的建筑外观与"月光湾酒店"的别名很难产生相近的联想。湖州是一座拥有 2300 多年历史的城市，物产丰饶、文化昌盛。

我国最大的文化旅游集团之一——宋城集团，除在杭州营建"宋城"主题乐园外，在很多旅游城市复制了宋城模式，如三亚、丽江、武夷山等地都复制了"宋

---

① 宣炜. 场所精神与建筑的归根复命：王澍作品之现象学解读 [J]. 学海，2012（6）：223.

② 宣炜. 场所精神与建筑的归根复命：王澍作品之现象学解读 [J]. 学海，2012（6）：223.

③ 隈研吾. 场所原论——建筑如何与场所契合 [M]. 武汉：华中科技大学出版社，2014.

城"旅游项目，但这些不同城市的旅游景观收益相差甚远。杭州的宋城占集团总收益的50%以上，而曾经的武夷山项目仅占到宋城演艺总收益的1%。这就说明有一些旅游模式因为缺乏其生存的土壤，或景观的相似性太强，旅游者的接受度与预期往往不成正比。

而且单以杭州宋城而言，它以《宋城千古情》大型歌舞为景区核心，但其中还有《大地震》《幻影》《WA! 恐龙》《库克船长》《上甘岭》《悬崖音乐会》《燕青打擂》《铡美案》《抛绣球》《锅庄》《快闪》等百场演艺秀。以杭州曾经为南宋都城的历史背景，有一个名为"宋城"、景观整体风格及项目主题以两宋历史文化为基调是完全符合游客的预期心理的，但其中的多项演艺秀与宋代文化毫无关系，其相互之间也并无逻辑联系，分散了景观主题，容易使旅游景观成为一个大杂烩，无法为旅游景观增加良好的体验感。

在旅游景观内容的创意设计中，必须注意保持和再现旅游景观设计的"场所精神"，使旅游景观设计具有吸引力、丰富性、真实性。

第七章　旅游景观创意设计的情趣传播

本章主要介绍旅游景观创意设计的情趣传播，将从旅游景观设计中的情趣内涵、旅游景观情趣传播的创意设计、旅游景观情趣传播的符号应用三个方面进行阐述。

第一节　旅游景观设计中的情趣内涵

一、旅游景观设计与"情趣"的渊源

（一）"情趣"的概念辨析

要深入地分析旅游景观的"情趣"，可以先从此词语本身的语义入手进行挖掘。"情趣"在汉语中有"性情、志趣"的意思，这个词义常用来形容人；另一个意思是"情调、趣味"，可以与景观等联系起来，形容事物有向上的志趣、情调或趣味等。另外，"情趣"在与事物相联系的时候，还与"意趣"相通，指意境、境界和趣味等。

在旅游景观设计中，可以将"情趣"这一词语进行解构，"情"指情感，"趣"指"趣味"，这二者经常紧密地交织在一起。

人的情感复杂多样，可以大致分为四类：

第一类，与嗅、味、触、声音、颜色等感觉刺激相联系的简单情感，如噪声、臭味引起厌恶，或悦耳的声音、鲜花的芳香带来的喜悦等。

第二类，与饥饿、疼痛等机体感觉相联系的简单情感，如饱食的满足，身体良好状态的舒适等。

第三类，基于个体社会经验和文化影响而产生的社会性情感。人的思想意识和行为举止是否符合社会道德规范而产生的体验称为道德感；将对真理的追求、对科学的探索等与智力活动相联系的体验称为理智感；在自然风光和艺术欣赏中产生的和谐与美的感受称为审美感。道德感、审美感、理智感被称为高级社会性情感或情操。

第四类，表现个人气质的情感，如乐观、生机勃勃、冷静、忧郁等。在个人的气质中，表现得持久而经常出现的情感体验成为人格构成的重要成就。

无论是愉悦的体验还是痛苦的体验，情感反应表现为设计作为一个整体，在体验者心中激起的情感体验。这是一个非理性、无意识状态下的心理活动过程。体验者在潜意识里把作品中的感性信息和自己记忆中的情感体验信息进行比对，一旦有所吻合，就会唤醒沉睡多时的相应的情感记忆，从而引起一系列的心理、生理乃至行为上的反应。

趣味，指的是使人感到愉快，能引起兴趣的特性；又可以指人的爱好。趣味与"情趣""意味"等词语意义相近或基本相同，在使用中经常兼容和互换。

在本章的研究中，旅游景观中的"情趣"有趣味性，更有情感性。人的喜好多变，情感更是极其复杂的，在旅游景观的设计中，并不全部是积极向上、快乐的情感，有时根据旅游项目的需要进行紧张、刺激，甚至带有恐惧色彩的情绪设计，在一些特殊旅游项目中需要追思、怀念，甚至肃穆、悲哀等带有"黑色"情感性质的综合传播。

（二）旅游者体验与"情趣"

体验是人在经历一些事情过程中和事后的心理感受，这种感受是人与物、人与环境、人与人互动交流之后所产生的情绪反应。

人们常把短暂而强烈的、具有情景性的感情反应看作情绪，如愤怒、恐惧、狂喜等；而把稳定而持久的、具有深沉体验的感情反应看作情感，如自尊心、责任感、热情、亲人之间的爱等。实际上，强烈的情绪反应中有主观体验，而情感也在情绪反应中表现出来。通常所说的感情既包括情感，也包括情绪。

旅游景观不仅是视觉或其他感官的对象，更是身体的经验，旅游者在旅游景观中悠然徜徉，或在餐饮店品尝美食，或在酒店坐卧休息，或在车站船坞等待乘坐交通工具，或在景点内兴奋玩乐，或在文博机构内安静欣赏，或在购物场所购买当地特色的产品……这些旅游活动依托旅游景观而开展，旅游景观是有记忆、有味道、有感情和趣味的一段生活经历，会在旅游者的心中留下或深或浅的印记。

很多人简单地认为"旅游"中的"游"就是指游憩，"情趣"就是有趣、正向的情绪，给旅游带来快乐的旅游景观才是旅游者所需要的。这就把旅游景观的"情趣"简单化了，实际上旅游者的情绪和情感在旅游过程中是多种多样的。

人的情感复杂多变，可以从不同的观察角度进行分类。例如，从大脑的三种层次即前脑、中脑和后脑来划分，它们分别负责反射性情感、基本情感和社会化情感。情感的核心内容是价值，因此人的情感必须根据它所反映的价值关系变化的不同特点来进行分类。

旅游者在旅游景观中体验的"情趣"包括多种情绪和情感，旅游景观的价值所在，就是为旅游者提供层次丰富的"情趣"体验。在旅游景观中，旅游者会根据自己的需要进行选择。普通旅游者需要快乐、趣味的情感体验，他们常选择游憩性质的旅游景观，如公园、游乐园等；有很多旅游者会选择极限运动，探求刺激，有的旅游者即使紧张、害怕还是会选择如华山的鹞子翻身、凌空栈道进行游览活动，通过后体验战胜自我、提升勇气的快乐；还有很多旅游者会选择我国的"红色旅游景观"，如延安等革命圣地、红军长征路途中的泸定桥等景点，这些景观会激发旅游者对革命先辈的英雄主义、大无畏牺牲精神的憧憬和怀念。所以在旅游者的体验中，并不能简单、粗浅地将旅游景观的"情趣"理解为简单的快乐和正向的情感。

对于旅游者来说，无论是愉悦的体验还是痛苦的体验，旅游景观的设计带来的情绪体验是一个整体。情绪是一个非理性、无意识状态下的心理活动过程，但是可以通过景观设计加以控制的。体验者在潜意识里把作品中的感性信息和自己记忆中的情感体验信息进行比对，一旦有所吻合，就会唤醒沉睡多时的相应的情感记忆，从而引起一系列的心理、生理乃至行为上的反应。

具有丰富体验性的旅游景观，可以带给旅游者丰富的感受，可以留给人们值得回忆的情节经历和情感经验，与人内心形成共鸣，体验性可以使旅游景观对旅游者来说更加具有旅游价值。这就是旅游景观体验式设计的目标所在，也是旅游景观"情趣"设计传播的主导方向。

二、旅游景观设计中"情趣"特征

（一）丰富的文化筹谋

建筑学界巨擘童寯先生在《东南园墅》中谈到园林的设计时认为，"须记之，情趣在此之重要，远甚技巧和方法。"[1] 中国古典园林的主人本身就是城市闲暇阶

---

[1] 童寯. 东南园墅 [M]. 长沙：湖南美术出版社，2018.

层，大多为退隐的官员，但基本身份都是文人。计成在《园冶》中就提到园林设计"独不闻，三分匠，七分主人之谚乎？"这里的主人并不是园林的拥有者，而是园林的设计者，也提到了这些在园林设计中真正做主的、主导园林设计的是饱读中国文化典籍的文人。园林设计是综合的艺术，设计者须有文学修养、艺术修养（绘画等）。在园林的平面布局中必须有绘画的修养；在园林的命名、匾额、楹联、镌刻等方面又离不开文学。最终园林设计中的种种艺术因素都成为文人表达自身意愿、理念的手段，通过园林之景来表达自己毕生之愿望。园林的主人常常给自己取一个别号，在其中居住时将自己想象成超脱于俗世的隐者，在咫尺天地中获得了心灵的无尽想象空间。园林作为具有高度文化"浓缩"特质的艺术，通过文人的筹谋营造出来充满想象的浪漫主义空间。它们今天依然如此引人入胜，依靠的就是其召唤人们放松身心、忘记俗世烦恼尽情享受美景的"情趣"。

旅游景观的设计在很大程度上就是一种创造具有丰富情感体验、能为旅游者带来趣味的旅游环境的行为。旅游景观的设计与园林设计相似，其"情趣"的表现力和传播效果是评价其成功与否的重要标准。在旅游景观中的"情趣"常常是设计师或设计团队所具有的丰富的文化创意赋予的。不论旅游景观项目策划还是旅游景观设计，都需要设计主体具备高超的文化品位、深厚的文化底蕴、丰富的文化筹谋，才能设计出具有情趣创意的旅游景观。

（二）不断寻求变化

世界各地的旅游景观能够调动旅游者的好奇心和求知欲、能够引发旅游者的旅游冲动，吸引着旅游者前去旅游探索，或令潜在旅游者在社交媒体或旅游网站等传播媒介上浏览其景致、激起人们对这些景观的无限向往，很大程度上就是因为旅游景观各不相同、各具魅力。

世界本身就是充满多样性的，不同的国家和地区有着各自不同的历史和文化。同为东方，中、日、韩各有不同；同为西方，欧、美文化也不尽相同；即使同处欧洲，东欧、西欧、南欧之间也有较大的差异，从民族、语言、习俗、外貌特征等都有各自的特色。这些差别受到不同国家、地区的地理位置、气候环境、民族习惯、政治制度、宗教信仰等多种因素的影响。正是因为这些千变万化的差别，世界才是千姿百态、多姿多彩的，才使得旅游者怀着好奇和期待踏上探索之路。

人类生活的环境是复杂的，人类创造的景观也是复杂多变的。景观是技术，更是艺术，不论是技术还是艺术的创造都是丰富多变的，旅游景观更应该是在人类全部经验积累之上的创意营造。文丘里就曾说过"建筑要满足威特鲁威所提出的实用、坚固、美观三大要素，就必然是复杂和矛盾的。"[①]在今天的旅游景观设计中，要考虑其规划分区、功能结构、主体建筑、配套设施、道路绿化、艺术形式等方面，还要满足旅游者的各种旅游需求和其中商业经营者、其他工作人员的使用和操作等，会出现各种各样的差异、矛盾和冲突，旅游景观设计必须正视这些复杂性，在设计规划中适时地进行各种调整，使旅游景观能够真实有效、美观亲人、并充满活力。

变化会带来更丰富的情趣。我们在北京故宫、法国凡尔赛宫的庭院中会发现，对称、严谨的景观环境往往会给人以权威、庄重、严肃的感觉，缺乏愉悦、轻松的情感体验，更谈不上趣味。日常生活中简单、重复性出现的景观环境使人感觉平淡，甚至无聊，所以人们总想在闲暇时间走向陌生的环境，寻找不同的景观去欣赏、去游览。有趣的景观环境往往是曲折多变的，在复杂的参差中，人们的好奇、欢愉等情绪都被调动了起来。特别是对旅游者来说，多变的、丰富的旅游景观才是他们所期待的旅游场景。

（三）浪漫的想象

旅游景观本身就是一种特殊的文化现象，因为它能够超越时间和空间。旅游景观的设计可以将几千年前的景观场景复制到今天的旅游环境中，西安以唐代的曲江皇家园林为设计模本，将"大唐芙蓉园""大唐不夜城"在今天的西安重新展现；也可以将三国时期赤壁之战的情景在无锡的"三国城"进行场景的还原和再现。旅游景观的设计也可以将不同的地理空间场景进行乾坤大挪移，如将水城威尼斯的景观复制到拉斯维加斯和澳门，也可以将埃及的神庙复制到洛杉矶的埃及剧院。旅游景观可以穿越纵向的时间维度，也可以跨越横向的空间维度。旅游

---

① 罗伯特·文丘里.建筑的复杂性与矛盾性[M].北京：知识产权出版社，2006.

景观的设计常常是充满奇思妙想的、超现实的，即使给人身临其境的感觉，也是一种想象的真实。

旅游景观的设计方法常采用浪漫主义和现实主义相结合的方法，但浪漫主义无疑是旅游景观设计中的主流。

首先，因为旅游景观的创意设计需要超乎寻常的想象力。想象它是一种特殊的思维形式。是人在头脑里对已储存的表象进行加工改造形成新形象的心理过程。它能突破时间和空间的束缚。在心理学上，想象指在知觉材料的基础上，经过新的组合重新创造新形象。旅游景观设计不论从"突破时间和空间的束缚"，还是从"重新组合创造新形象"方面都是离不开想象的加持和扶助的。想象本身就是一种非现实、超现实的思维形式，常与浪漫的创作方法相依相伴。

其次，作为创作方法，浪漫主义在反映客观现实上侧重从主观内心世界出发，抒发对理想世界的热烈追求，常用热情奔放的语言、瑰丽的想象和夸张的手法来塑造形象。在旅游景观中强调的情感、趣味、诗情画意等，都需要浪漫的设计表达手法来实现。旅游景观的创意设计需要绘画、雕塑、书法等造型艺术，文学、诗歌等语言艺术，音乐、舞蹈、戏剧等表演艺术等艺术门类的综合，这些艺术门类表现技法的借鉴使用往往是浪漫大于现实的。更重要的是，墨守成规、复制陈旧的景观规划套路，是无法为今天眼界日益提高的旅游者带来新鲜感的。旅游景观需要营造诗情画意、情景交融的景观环境，只有景观规划者、设计者充分展开浪漫的想象，才能为旅游者带来趣味盎然、沉浸式的旅游体验。

第二节　旅游景观情趣传播的创意设计

一、从旅游者的情趣需求出发

旅游者从工作、劳动中解放出来，置身于闲暇时间中，使自己的身心获得恢复，再返回到日常的工作和劳动中去。可以说，旅游者从日常、世俗的生活，投身到旅游的特殊活动中，是带有极强的仪式感的。这种仪式是使人从日常的疲惫、厌倦中获得恢复、重新振作起来的重要仪式。

旅游不仅是休闲的一种形式和手段，而且是综合性的高层次的休闲活动，同时，也是一种娱乐活动。人们到大海湖泊、森林草原、高山峡谷等优美的自然景观中可以获得放松和快乐；也可以去各种名胜古迹、各类公园、地方风物、民俗庆典、文体场所等人文景观中去游玩，在满足好奇心和求知欲的同时也使紧张的情绪获得转换和放松。即使是教育性很强的旅游活动，也是本着"寓教于乐"的原则，如近年来非常火爆的各种针对中小学生的夏令营、冬令营和各种研学活动等。特别是是"红色文化"旅游，通过参观革命圣地、革命英烈遗迹等象征民族精神、革命精神的景观，使旅游者通过了解当年的事迹、历程，学习先辈们无比坚定的理想信念、无私奋勇、不屈不挠的精神，从怀念中获得新的精神养料，以先辈的精神来激励自己今后的学习、工作和生活。

总之，旅游者往往带着对旅途的美好期待开启一段旅游活动，在旅游过程中，通过休闲和娱乐活动，使旅游者疲惫、紧绷的身心获得放松和疗愈。旅游者在旅游活动中有功能上的需求，也有精神上的需求，旅游者对休闲和娱乐的需求，可以说是对旅游功能需求和精神需求的合二为一，是最根本的需求。这就使得旅游景观的创意设计需要多关注旅游景观的情趣设计，在旅游景观的设计中注意情感和趣味的传播是否有效。

休闲和娱乐是旅游者在旅游活动中情趣需求的基础，旅游景观想要为旅游者提供丰富的情趣体验，就要注意在一般的观光体验外，为旅游者提供休息和娱乐可以同时进行的旅游景观。目前很多旅游景区的规划功能单一，有些自然景观的设计以观赏自然风光的道路设施设计为主，缺乏娱乐功能等其他功能的项目或设施设计，对于游客来说娱乐性弱，就无法起到充分满足旅游情趣体验的效果。旅游景观的创意设计尽量调动旅游地的资源，开拓旅游休闲与娱乐功能的设施和环境设计，为旅游景观环境增加功能性和情趣感。

二、畅爽的心流——旅游景观中的情趣体验

（一）心流——最优情趣体验

很多旅游者有自己特别难忘的旅游经历和体验，或是三亚蜈支洲岛的水清沙

白，或是迪士尼乐园的梦幻王国，或是周庄、乌镇的悠悠水乡……旅游者为什么在一些旅游景观中流连忘返、浑然忘我？为什么会觉得在一个旅游景观中体验非凡、时间转瞬即逝？为什么在离开旅游景观、回到居住地，甚至在若干年后回想起这里依然浮想联翩，带着美好的回忆希望能故地重游？

旅游本质上是一种异地体验，旅游心理学的研究者认为，在陌生的地域中，旅游者的情绪情感尤为重要，因而需要积极的心理引导。[1] 但是很多旅游景观本身已经能够给予旅游者极大的游览兴趣和欣喜、快乐、沉浸、回味等情感。这就是旅游景观环境本身带给旅游者的畅爽体验。

畅爽体验是指旅游者个体对旅游活动或旅游景观环境表现出浓厚的兴趣，并能使其完全投入其中的一种情绪体验。畅爽体验是一种包含愉快、兴趣和兴奋等多种正向情绪的综合情绪体验，而且这种情绪体验是由个人参加或投入活动本身引起的，没有受其他任何外在目的影响。与一般的情感、情绪相比，畅爽更加集中而强烈。

近年来，有一个与畅爽体验相通的研究概念被提出，就是"心流"（Flow）。"心流"这个概念在 1975 年由积极心理学的发起人、心理学家米哈里·契克森米哈赖（Mihaly Czikszentmihalyi）提出。之后，他在"心流"的基础上，创建了人类的最优体验（Optimal Experience）理论。

心流即一个人完全沉浸在某种活动当中，无视其他事物存在的状态。这种体验本身带来莫大的喜悦，使人愿意付出巨大的代价。[2] 心流的状态与畅爽相通，但是它的词义带来一种动态的、流动性的观感。在心流的状态下，个体因为注意力高度集中，完全沉浸在个体体验中，甚至感觉不到时间的流逝。

很多人都曾在生活中，体验过心流的状态，聚精会神地工作、游戏都能带来忘我的状态，怎样的活动能使人进入"心流"之中？这里我们主要研究人类的非工作时间，也就是能够使旅游活动成为可能的闲暇时光。中西方的古代哲人先贤都对人类闲暇时光的安排进行过论述。在《论语》中有："子曰：饱食终日，无所用心，难矣哉。不有博弈者乎？为之犹贤乎已。"古希腊的哲学家认为闲暇时光

---

① 陈钢华. 旅游心理学 [M]. 上海：华东师范大学出版社，2016.
② 米哈里·契克森米哈赖. 心流——最优体验心理学 [M]. 北京：中信出版集团，2017.

可以从事体育运动或音乐活动，这些艺体活动也是一种较为高级的游戏，可以为人带来快乐和精神修养等方面的提升。

在中西方的文化中都认为闲暇可以与游戏结合，契克森米哈赖高度认同游戏对人的作用，他认为"当代人，特别是未来的人们的生活目标将落在游戏上面"[①]。旅游就是人们在今天的闲暇生活中选择的一种高级的游戏。而且人类的旅游活动就是带有目标性的，旅游者的目标可能是美食、美景、惊险刺激的游乐设施、知名景点打卡等，不论具体的旅游目标、动机有何不同，旅游对现代人来说最重要的目标就是通过一段旅行和游憩来调整和修复身心，使低迷变振奋，使涣散变集中。不论是美食、美景，还是趣味等目标，旅游者大都希望能在旅游景观中获得难以忘怀的最优体验。今天的旅游景观就是着重围绕旅游者的最优体验——畅爽的心流出发，进行创意设计。

（二）促使心流产生的设计方法

在旅游景观的创意设计中，如何根据旅游者需求设计出能提供给旅游者更佳旅游情趣体验的景观呢？可从以下三个方面入手。

1. 旅游景观的可选择性

旅游景观中的游览线路、游乐项目、购物文创、餐饮小憩、酒店休息等旅游活动相关的景观环境应为旅游者提供多种可选项。旅游者是为了追寻一种异地体验而来到旅游目的地的，很多旅游者是人生中初次踏足一个旅游景观中，虽然现在很多游客会利用大众传播媒介在旅游服务网站或各种视频平台上了解要去的旅游目的地，但毕竟还是一个相对不熟悉的地域。很多旅游景观只提供给旅游者一种选择，引导甚至逼迫旅游者顺从景观设计规划制订的选择。

一些自然景观，如山地、溪谷等，从开发难度、成本等方面考虑，常常只设置一条进出道路，在旅游旺季常常人满为患，进出通道堵塞，严重影响旅游者的体验，甚至有安全隐患。还有一些自然景观为了经济利益，常常把多年来登山或者野游者探索出来的各种富有意趣的通道进行封闭遮挡，使旅游者只能选择一条距离非常远的路线行进，这样旅游者往往只能被迫选择乘坐景区内的游览车。

---

① 米哈里·契克森米哈赖. 心流——最优体验心理学 [M]. 北京：中信出版集团，2017.

没有人喜欢被人摆布的感觉。如果给旅游者一定的决策权、选择权，旅游者会觉得有能力控制自己的行动，可以真正作为旅游活动中的主宰者，而不被旅游景观硬性地牵着鼻子走。在陌生的旅游景观中，旅游者有可自主选择、自主开发旅游活动的可能，旅游者的好奇心、安全感、满足感等都会得到极大的充盈。对旅游者来说，有选择的旅游景观无疑比没有选择的旅游景观更有情趣。

在旅游目的地进行旅游景观的具体选择也是充满了游戏般的随机而又有目的性的考量，总之要满足旅游者游玩、游憩的愿望。旅游者自觉自愿地选择一个旅游景观，并在其中自在徜徉、闲庭信步，无须硬性安排娱乐活动就已经乐在其中了，这就是旅游景观的可选择性给旅游者造就的"心流"状态。

2. 旅游景观的创意设计应强化目标性，设置一定的挑战性

首先，旅游者在选择旅游景观时会带有一定的目标预判，旅游者会根据自身的经验、喜好等去选择符合自己目标预期的旅游景观。选择自然景观的旅游者目标通常是要去大自然中找到自然的野趣，回归自然的怀抱、获得身心的放松。如果自然景观过度人工化，绝对不符合选择自然景观的旅游者预期目标。选择名胜古迹、历史遗迹的旅游者的目标常常是要感受古代历史文化的魅力，了解人文景观蕴含的历史知识。这类旅游景观如果修旧如新、过度商业化开发就会极大地影响旅游者预期目标的实现，造成不良的旅游观感。

北京的南锣鼓巷是著名的特色街区，始建于元朝，至今已有700多年的历史。以巷子为中轴，两侧分出诸多特色胡同。明清以来，这里一直是"富人区"，居住过许多达官贵人、社会名流，从明朝将军到清朝王爷，从文学大师到画坛巨匠，这里的每一条胡同都留下了历史的痕迹。现在这里还保留着众多的名人故居。南锣鼓巷交通便利，北京地铁6号线和8号线都在此设置了地铁站，为这里带来了更多的商机。它很快成为许多时尚杂志报道的热点，不少电视剧在这里取景拍摄，许多国外旅行者把其列为在北京的必游景点。

北京南锣鼓巷与南京夫子庙、上海城隍庙、重庆磁器口、成都宽窄巷子等旅游景点一样，从景观的名称、景观的历史等给游客的预期定位和旅游目标都是带有当地历史文化特色的旅游景观，但是今天这些景点都成为商业气息浓重，缺少可游览的景观细节和景观场景，缺乏文化展示和文化创意，除了感受人潮汹涌和

高昂的物价，游客往往无法获得在旅游景点中预期的旅游情趣。

对旅游景观的创意设计来说，应该在景观中设置可满足旅游者多种目标需求的旅游公共服务功能，拓展旅游者的休闲、娱乐区域，达到不同人群的分流效果，还可以满足旅游者的多种旅游需要。比如，人文类旅游景观的创意设计，除美食街外，还应有文化展示和特色体验景观，地方特产、纪念品和文创文玩产品购物类景观，娱乐项目等游玩体验景观等。在旅游景观中动静结合，有动态路线和动态的娱乐场景环境设计，也有静态的可供游客休息时观赏的景观设计。在自然类旅游景观的设计中，也要有动态的可以在步行、车辆行进中观赏的景观场景，也要有"清水碧于天，画船听雨眠"的静态景观场景设计。不论人文还是自然景观，在创意设计中都应该要进行综合多感官通道的设计，从而制造更加丰富的旅游者情趣体验。

其次，旅游景观应为旅游者设置一定具有挑战性的目标。

契克森米哈赖认为，如果将人类的常见行为模式按照技能、挑战两个维度分为八种，心流处在技能适中、挑战适中的理想区域。为了使旅游者在旅游景观中获得丰富的情趣体验，旅游景观的创意设计需要为旅游者提供一定的选择性，并带有一定挑战性的旅游环境、旅游项目等。旅游景观的环境设计和其中的项目设计需要对旅游者具有一定的挑战，一方面可以避免旅游者产生厌倦情绪，另一方面旅游者对旅游活动会产生更高的目标，使旅游者在提升和挑战中感受到成长的乐趣。

旅游景观的创意设计可以在旅游景观中融入运动挑战和文化挑战等设计类型，来丰富旅游景观的情趣性。比如，登山线路，可以根据不同年龄段、身体素质的人群设置几种不同挑战难度的方式路径，在景观中设置较为详细的线路说明，明确路线方向、时间长短、休息区等。对旅游者在不同登山线路中可能会遇到的需求做好预估，为旅游者尽可能地提供服务，使旅游者在满足安全性、可调整性和可预判性的背景下进行选择适合自己的登山难度，最终可以让旅游者在自己选择的挑战难度下完成旅游线路，获得成就感和满足感。也可将旅游目的地的文化资源与旅游景观的设计结合起来，特别是与旅游娱乐项目，或公园、游乐园等景观环境相结合，如猜谜、闯关、剧本杀等娱乐方式结合起来，可将侧重脑力活动的文化挑战与体力锻炼方面的运动挑战相结合，更可以与数字化信息技术相结合，呈现给旅游者多样的旅游娱乐活动，在旅游过程中获得文化知识的收获和成就感。

最后，旅游景观中需要丰富的、具有趣味性的文化符号。

旅游景观精妙的设计、丰富美观而富有意趣的文化符号，必须足以充分吸引游客的注意力。每年全球数千万级别的人流涌入迪士尼等顶尖的主题乐园，吸引游客的不仅仅是过山车、转转椅，毕竟在门票更便宜的游乐园中也都有类似的设施，那么游客选择门票昂贵的主题乐园的目的是什么？当然是这里的旅游景观设计精妙、细节满满、创意丰富，使旅游者获得沉浸其中的情趣体验。即使知道迪士尼乐园的票价昂贵、项目排队之长，旅游者依然趋之若鹜，这就是高水平的文化创意设计为旅游景观带来的魅力。

而且，旅游景观的文化符号对提升旅游景观的可传播性和知名度有着至关重要的作用。旅游者对旅游目的地的选择是高度个性化的，当然，会受到亲朋好友的影响，但是这种影响并不是影响旅游者选择的决定因素，旅游者自身的前期接触（来自其个人喜好和各种传播媒体）和尝试（进一步从各种传播媒介收集信息）才是真正的旅游选择决定因素。今天的旅游者可以在各种旅游网站、视频网站等看到旅游景观的介绍、其他旅游者的游览 vlog 等信息，缺乏文化创意设计的景观很可能在旅游者的选择阶段就被排除了。

旅游景观的文化创意设计体现在细节上。上海迪士尼在地铁迪士尼站的建筑和装修设计中，尽力体现中国文化元素，以迎合中国消费者的本土化情节。其设计理念为"原汁原味迪士尼，别具一格中国风"，在整体风格和主题创意中将中国风与迪士尼乐园的主题相融合，鸟瞰车站时，蕴含着寓意"展翅翼龙"的形象，突出了中国元素；车站建筑的外立面采用门钉等中国传统的城门与城墙元素；站台主题墙上的米奇图案与中国祥云幻化结合等。迪士尼站的运营设施、公共服务设施和整体环境设计到处可见形象鲜明、色彩鲜艳的迪士尼主题标志，在游客还未正式踏入乐园就已经充分调动起大家的情绪，开始无比期待接下来的旅程。

三、自由和多变——景观情趣的生发动力

（一）率性和洒脱

今天的旅游者在宝贵的闲暇时光进行旅游活动，在很大程度上就是想抛开日常生活的单调重复和压力束缚，在旅游世界里自由自在，享受生命的肆意洒脱。旅游景观的创意设计要关注旅游者的心理需求，在旅游景观中表现与日常生活环境的反差，其中第一要务就是通过旅游景观的设计传达给旅游者率性洒脱的旅游体验。

创意设计本身是强调创新、不墨守成规的，在旅游景观的设计中更要突出这一点。在过去，很多旅游景观设计出于追求快速回报率，经常照搬和抄袭其他已有的、商业业绩好的景观模式，其形式和内容往往程式化、同质化。短视的做法会造成更大的经济损失和资源浪费，旅游者也不会感觉到多少体验情趣。

通过创意设计来制造或强调景观的情趣，就不能以一定固定规则、模式去套用到旅游景观中。旅游者因追求自由而来，景观设计者就要通过旅游景观呈现给旅游者自由的感觉。这种自然的率性和洒脱完全可以从广阔无际的大自然中汲取灵感，在旅游景观中借助自然之力、自然之形来展现身心无拘无束之感。唐代大诗人王维《终南别业》中的诗句"行到水穷处，坐看云起时"，说的就是这种感觉：不期而至，未可预测。

我们可以预想，我们身处一处第一次游览的旅游景观，发现此地与我们曾经去过的其他旅游景观十分类似，在进入景区大门后就可以预判全部景点的设置方位、风格形式和娱乐项目安排……这样的景观当然会使旅游者感觉索然无味，直呼上当。

目前全国各个旅游城市遍布着道路笔直的旅游街区，如仿古街、美食街、旅游纪念品销售街等，这些旅游街区站在一端可以一眼望到另一端，两侧店铺平行铺排，可以说毫无趣味。更不用提景观形式和店铺销售产品雷同的现状了。

有趣的景观总是自由洒脱的。中国的哲学和艺术就一直追求率性洒脱、追求自由、不受陈规拘泥。今天的旅游景观设计要追求情趣体验，就应尽量避免简单

的直、平、对称等程式化、扁平化的"非自然"的拘谨设计。英国画家和建筑家威廉·肯特（William Kent，1685—1748），他有一句断言"大自然不喜欢直线"，这与中国哲学不谋而合。旅游景观如普通现代城市一般，到处是笔直的道路、开阔的大街、规则的花坛和几何形修剪的植物，旅游者是不会感觉其中富有情趣，只会心生厌倦。

旅游景观的环境规划完全可以借鉴我国古典园林的设计规划手法。中国古典园林，特别是江南园林其场地规划设计没有一定之规，因地制宜、自由发散。中国古典园林的平面布局、水景布置、叠山堆石、楼阁亭台、步道曲径、植物栽培等各有姿态。不论皇家园林还是私家园林，中国古典园林都充分利用自然条件展开设计，成果也呈现出自由多变的态度，表现自然而然、毫不造作的设计感。建筑学泰斗童寯在《东南园墅》中提到，"园林中的曲径，以其处心积虑、刻意斟酌其不规则性，可称之为'曲折有致'或无'无秩序美'，成其营造特征。"[1] 我国的园林艺术能够被称作"世界园林之母"，原因之一因为拥有这种来源于自然，但又高于自然的设计品位。

中国古典园林设计的另一大趣味来源就是"藏"。这种"藏"并不是为了完全藏匿景观、不为人所见；而恰恰是为了在"藏"中突出"透"和"露"，通过对部分景观的遮挡、掩映，来突出所藏部分景观的美好诱人。中国古代道家经典《道德经》中言："故有无相生，难易相成，长短相形，高下相倾，音声相和，前后相随。"所以有和无互相转化，难和易互相形成，长和短互相显现，高和低互相充实，音与声互相谐和，前和后互相接随。事物的存在和发展充满了辩证，旅游景观的设计亦是如此。中国古典园林利用漏窗、格栅、山石、花木等又藏又露，在虚实之间给游人似真似幻、意蕴隽永之体验。

中国园林设计与中国绘画相通，强调观赏视野的"散点透视"，与西方绘画、景观等艺术强调固定一个位置的视点，并在此视点能观看整个建筑或景观的全貌大不相同。中国古代的视觉艺术，特别是绘画和园林，追求观察视点的可移动性，景随步移、一步一景。中国园林空间处理，常常将观者的视域局限在整个景观环境中的一角或一面，其设计主旨就在于充分体现隐匿和探索的主题。旅游者在探

---

① 童寯. 东南园墅 [M]. 长沙：湖南美术出版社，2018.

索过程中，寻找园林中隐藏的空间和景致，旅游者的行动路线和视线因不断变化而获得新的游玩观赏视角，从而乐此不疲。童寯先生言："幻境迭生，迷津不断，所穷无尽。然变动不居，随性漫游，岂不比简单达到更具情趣乎？"①

现在的旅游景观设计往往设置了很多遮挡和拦阻障碍，人们常常用一道围墙分割景点，殊不知也分割了旅游者的进入愿望。人们对不知晓、不确定的事物会产生排斥甚至恐惧的态度，但是对掩映的景物会产生好奇心，想要去一探究竟。在旅游景观中处理好"藏"和"露"的关系，也是提升景观趣味的一种设计技巧。

（二）多变和参差

旅游业的发展证明了人类有多喜欢体验不同的景观环境，不同地域的旅游景观如同万花筒，使旅游者充分扩展了生活的视野，可以呈现给旅游者各种趣味。旅游者喜欢在世界各地的旅游景观中观赏和体察不同的天地万物、不同的风土人情，旅游景观的多变和参差带给旅游者转化生活场景、体验不同人生的无限可能，这是旅游景观给人带来的最大情趣所在。

旅游景观中的多变与参差，体现在旅游景观设计的内容和形式等诸多方面。旅游景观中的设计内容可以有丰富的层次性，从旅游景观的活动项目到旅游景观的环境设计，都可以调动创意手段进行设计，增加旅游者的玩赏情趣。

目前国内的旅游景观有一地或一处如果名声大噪、广受好评，必然会获得一大片的追随、跟风营建的旅游景观，将独特的、有创意的景观普遍化、量产化。比如国内大江南北随处可见的古城、古镇、仿古街等，建筑、街道、小桥、设施等十分相像，小吃、纪念品、明信片几乎全国统一，不论南北城镇都难以看出差别，特别是本地的地域文化在此类景观中难以看到，这是旅游景观设计的极大失误。

今天的旅游景观需要创意设计，是因为创意能够通过创新、巧思赋予旅游景观千变万化的内容和形式，弥合商业化和地域文化特色之间的沟壑，增加旅游景观的个性魅力。王澍主持的杭州南宋御街改造项目，以艺术项目的高度来对待老街区保护和改建，将破旧衰落的中山路转变为富含景观文化特色符号的旅游街区。

---

① 童寯. 东南园墅 [M]. 长沙：湖南美术出版社，2018.

中山路曾经是杭州市的主要街道，但是随着时代的变迁，这座传统老街已经完全褪去了繁华，南宋的特征已经荡然无存，仅有明清至民国间的破败遗迹留存。王澍提出"城市复兴"的概念，将这条老街作为杭州历史的重要遗产和标志，进行保护和再设计，使南宋御街的风貌在老街的基础上复兴，而不是简单地推倒拆除重建。

南宋御街改造，首先，尽量保护和维护老街区的历史感，维持中山路宽宽窄窄、参差不齐的形态，而且为了使游人的步行更加舒服，将中山路整体宽度维持在 12 米左右，总体将街道变窄。为了使街道风格保持一致，在一些新大楼的前面设计一些二层小建筑来进行遮挡而把街道变窄。其次，在中山路上回归南宋的坊巷制，在中山路上设置了一个个大院子和院门，作为坊墙、坊门，改变过去老街改造仅仅做街边建筑的装饰贴面这种简单、扁平化的立面改造，而是使街道更有变化、更有细节和深度。最后，王澍及其团队根据历史文献，还原南宋御街的水系，在道路中设置了水景，为恢复杭州水乡城市的灵性，在水景设计中引入了活水，并且还使水景能够产生潺潺的水声，使这条御街有了生命和活力。今天的旅游者漫步在这条街道上，感受到的是新旧杂糅的杭州风情，丰富的变化、文化含义隽永的景观细节，使旅游者能够感受时尚和传统同处一街的光阴融合和浪漫，更为杭州增加了一个新的旅游地标。

我们可以设想，旅游景观的环境设计如果全部规整对称、整齐划一，可以让人感受到肃穆庄严的程式感，但很难使人产生情趣感。人们在闲暇时光最喜欢从方盒状钢筋水泥丛林中投入自然的怀抱、返璞归真，想要感受的就是与日常生活不同的反差。人类在过去几千年里一直将文化保持在多种多样、多姿多彩的形式感中，通过建筑、设施、器皿、服装、工具等实物一代代地传播下来，旅游者在旅游景观中依然能够以身体之、以心验之，感受到超越时间与空间的多样文化。

但是 20 世纪初期开始的现代主义，特别是国际主义运动，将本来多样化的天际线彻底改变，全世界三分之二的建筑都固定在"少就是多"的模板里，到处耸立着居住的机器、钢筋水泥的方盒。在经济全球化的催化下，各国各地区原本多元的文化也受到了"全球化"巨大影响，世界各地的都市到处是玻璃幕墙掩映的天空，还有整齐划一、千篇一律的城市景观环境。

　　时代的发展、科学技术的进步往往对旅游景观设计的推动起反作用力。中世纪教堂上的彩色玻璃窗花，又称彩色花窗，是罗马式、哥特式教堂建筑中特别精美的装饰。彩色花窗的缤纷是由当时有限的玻璃工艺水平而造成的。由于彩色花窗所用的玻璃是由人力吹制而成的，受吹制法在当时的制造能力限制，只能生产较为小块的染色玻璃，玻璃尺寸不太大，只能将一块块玻璃拼接起来达到一个窗子的大小，在这个过程中，彩色花窗的制作工匠发现可以将一块块的小玻璃拼接成各种美观的图案，发展为拼接圣经故事中的人物和场景，既能起到装饰建筑的作用，又能给当时不识字的广大信徒们讲故事。彩色玻璃窗花是由于玻璃尺寸不够大，因此要窗框镶嵌后拼接而诞生的；它的消失恰恰是因为后来玻璃制作技术的进步，当人们能够制作出大张的平面玻璃，人们就直接在教堂上使用完整的大块玻璃，而不再采用拼接、镶嵌的方法来做彩绘玻璃画了。

　　今天我们在景观的设计中，经常会采用很多省时省力、节约成本的方式。有了水泥，人们就不再劳民伤财地使用太湖石，直接用水泥制作假山、石头。地面不再采用手工的拼接图案式铺装，而大面积地铺设各种人造的石板、瓷砖。有了玻璃窗，过去传统建筑上的格子窗、格子门上多变精美的菱花窗格也不见了。过去多变起伏的地貌被推土机隆隆地铲平，到处是平坦但无趣的草坪，造作、毫无用处地点缀几棵树木。今天，很多人走过这种呈制式的统一、乏善可陈的景观时往往视若无睹，不会为此种景观付出哪怕一秒钟的注意力。

　　旅游景观设计一定要体现出多变的形式，在旅游景观的各个部分充分体现丰富的细节变化，这样的景观才能激发旅游者的观赏兴趣。颐和园是中外驰名的皇家园林，是清末帝王的夏宫，占地面积广阔，从颐和园正门入园，几乎所有游客都会踏上颐和园最有名的景点之一——长廊，它的设计初衷是连接昆明湖北岸到万寿山南麓，而且这段路程全长近一公里，为了让进入这座皇家苑囿的尊贵客人感受到游览的惬意情趣，当时的设计者在此处设置了这道长廊。它全长 728 米，共 273 间，有 548 根柱子。长廊以其精美的建筑、曲折多变和极丰富的彩画而颇负盛名，是我国古建筑和园林中最长的廊道。长廊为了增加其装饰，在廊间的每根枋梁上都采用苏式彩画进行绘画装饰，共 14 000 余幅精致生动、富丽堂皇的图画。其绘画内容多为山水、花鸟、历史以及中国古典名著中的情节。画师们将中华数千年的历史文化浓缩在这长长的廊子上，今天的中外旅游者经常在长廊中驻足观看，很多中国的家长会指点孩子辨认图画中的典故内容，这里的装饰图画也成为中国历史文化的生动教科书。

我国古典园林景观设计的丰富案例，是今天我们研究旅游景观创意设计的资料宝库，其设计意匠和形式手法值得我们去进行深入研究、发掘。同时，中华传统文化中还有很多丰富的创意资源等待我们的开发。

谈到设计中的"参差"，我们可以借鉴一下少数民族之一的朝鲜族的设计方法。"非均齐性"可以说是朝鲜族设计中最具有民族个性的特点之一。[①]自古以来，朝鲜族居住区域以山地为主，而且朝鲜族先祖有建造"山城"以守卫外敌的习惯，所以朝鲜族的建筑设计一直不讲究对称。为减少人力物力的损耗，朝鲜族的城垣、宅邸选址等常常顺应自然地形，建筑材料也常选用未经打磨的石头、简单砍削的木料等，久而久之，形成了设计中一种追求稚拙、不均衡的参差之感。这种非均衡、不整齐的风格带有少数民族的浑然天成、质朴天真，其景观设计常给人们带来新奇的感受。

中华民族大家庭中还有很多少数民族的设计也带有"多变的参差"。中华民族大家庭的这座文化宝库的资源，其精要还有很多未为我们所知，从中我们可以找到无尽的创意灵感，丰富我们的多姿多彩的景观环境。

第三节　旅游景观情趣传播的符号应用

一、文化意义——旅游景观情趣的来源

本书第二章中已经提及，在旅游景观设计中综合把握"情趣"，就是要注重思想、情感、意境和趣味的设计和表达。简单地说就是有"情"有"趣"。旅游景观所涵盖的景观要素，包括自然的天景、地景、水景、生物景观，也包括人文的园林、建筑、古迹、风物等，旅游者在其中获得"情趣"体验多寡与景观的"情""趣"内蕴的丰富性成正比。

---

① 迟慧.朝鲜族设计中的"非均齐性"研究 [J].艺术科技，2015，28（3）：40.

今天的旅游者想要找寻到一个山清水秀的景观并不难，但是很多自然景观仅仅具有一定的自然风景美感，缺乏文化性，也就无法带给游客太多的人文思想品位，难以上升到"意境"的境界。如美国曼哈顿中央公园的大草坪，人们会觉得优美，在此漫步心旷神怡，但会感觉到有多么有趣、多么意蕴隽永就不能够了。再如在森林中徒步，林中小路两旁茂密的树木等风景会让旅人心旷神怡，但并不会使其中的旅人觉得特别有趣，毕竟不是所有的森林徒步都有如秘境探奇，今天的徒步景观道路通常也不会带给游人克服困难、开拓道路的兴趣。

很多自然风景带给旅游者的情感意趣层次浅显、简单，但是国内外相当多的自然旅游景观，其情感体验也可以是复杂的，其情趣贫乏或丰富的差异主要在于文化元素融入，使人的思想、情感在人文精神的引导、指引和召唤中获得情感、趣味的升华和体悟。总之，无论何种旅游景观，其旅游景观"情趣"设计是否丰富，不是仅靠感官体验方面的设计而达到的，要使旅游者获得较丰富的"情趣"体验，必须考虑旅游者的内在精神体验。

有"五岳之首"、天下第一山之称的泰山，是我国第一个世界文化与自然双重遗产，旅游者可以观赏其壮观秀美的自然风景，更可以在其中探访数不胜数的地理文化景观，如名胜古迹、摩崖碑碣、诗文佳作等。旅游者在登临泰山感受其自然伟力塑造的雄伟外，也可以了解各种历史传说和典故，寻找历代帝王在此地封禅的遗迹、至圣先师和文化名流的诗文名篇描写的场景、神仙修士的浪漫传说等。泰山的情趣体验因为这些人文思想精华更加丰富，而且旅游者会在登临泰山的过程中慢慢开始自觉地发掘这些具有文化意义的景观元素，带着"会当凌绝顶，一览众山小"的壮阔和内心的充盈来感受自然和文化交织带来的情趣体验。

国内外具有较强情趣体验的旅游景观，其景观设计也是充满文化意义和艺术气息。美国的百老汇、法国的卢浮宫、英国的大英博物馆、悉尼的歌剧院等，我们可以发现，这些旅游景观都是凝聚了人类思想精华的建筑、艺术等文化创造，它们本身就是各国代表性的文化符号，其中蕴含了各国悠久灿烂的历史和文化。美国最受欢迎的主题乐园，虽然诞生的时间较晚，但其具有强而有力的文化动能，围绕着电影、动画故事和人物展开的文化传播在主题乐园的景观环境中无处不在，游客身临梦幻王国，情趣体验丰富多彩、源源不绝。

二、意义的赋予和表达——旅游景观情趣的符号化传播

旅游景观的情趣是需要大量的设计符号来进行营造和传播的，这些符号构成了旅游景观中意义的赋予和表达。德国哲学家恩斯特·卡西尔（Ernst Cassirer）有句名言"人是符号的动物"。人类从诞生之日起，就不断创造着各种各样的符号，使人类世界充斥着符号环境。语言、神话、宗教、科学、艺术、技术等都是由各种符号组成的，人们创造符号，同时利用符号来进行交流和传播。

人类的传播活动离不开符号，作为传播活动的一种类型，设计当然也离不开符号。艺术的真谛就在于创造新符号、新秩序、新形式、新思想的过程。[①] 旅游景观的创意设计不仅需要"赋形"，更需要赋予景观符号以意义，含有文化意义的设计符号才能为旅游者带来有深度的情趣体验。

旅游景观情趣创意的传播符号有两种类型，一种是具象的，一种是抽象的。具象的是旅游景观的风格、主题、概念等方面的非常具体的形象识别符号，抽象的是旅游景观中的色彩、材质、空间、光影等构成较为抽象的氛围等空间感知符号。在旅游景观的情趣创意传播中，这两类传播符号常常紧密结合、联袂出现，共同构成景观环境中的情趣表达。

旅游景观设计中的具象传播符号基本都带有一定的文化象征意义，而且在旅游景观设计中，各种不同种类的符号经常混合使用，带来或意兴喷涌，或回味悠长的情趣体验。

中国古建筑的设计就充满了文化的象征意味，皇权的至高无上、文人士大夫的隐逸，在各自的建筑空间中都留下了意义丰富的符号，代表着建筑的主人所拥有的意趣追求。私家园林因为其处江湖之远的地位，设计意匠更为自由灵活，少了体现尊卑权威的规矩和对称，可以深切地表达园林主人的情趣追求。从空间规划营建、堆山叠石、凿池开源引流，建筑大木作、门窗栏杆等小木作，地面铺装、花树种植，再到匾额、对联等书法艺术，工艺陈述摆放等，各种中国传统文化符号都在其中默默倾诉着文化情趣的隽永。从园林的命名，如拙政园、网师园等表达了主人归隐的情志；园林内的景观、建筑设计围绕着命名主题充分展开，尽显

---

① 胡飞. 艺术设计符号基础 [M]. 北京：清华大学出版社，2008..

文人阶层的精致品位。如拙政园内的"宜两亭"，位于别有洞天到卅六鸳鸯馆游廊南侧的假山上，宜两亭指的是附近的楼阁、亭榭可以互相借景、同赏风景、各自相宜。"与谁同坐轩"借用了苏东坡的诗词"与谁同坐？明月、清风、我"表达归隐之后文人独自遣怀的孑然独立，但又是如此自在轻松。园林中的绿植花木也都被赋予了文化符号的性质，绿竹、芭蕉、海棠、荷花、丹桂……随四时四季各自展颜，使园林成为一方寄畅胸怀的乐园。

现代旅游景观中非常成功的各种主题公园设计，也到处充斥着旅游景观的主题符号，带有强烈主题性、艺术性的符号在反复提醒游客身处何地，并以符号世界的包围带给旅游者旅游世界与现实世界之间最大的差异化情趣体验。丹麦举世闻名的乐高园（Lego）位于日德兰半岛东岸的小镇比隆，占地面积 25 公顷。自1968 年创建以来，每年都有上百万游客前来参观游览。乐园内用乐高积木搭建出世界知名建筑如希腊巴特农神庙、德国新天鹅堡、美国自由女神像等，也有世界名人、动画人物等，有女孩喜爱的乐高娃娃和小巧的乐高宫殿，也有男孩热爱的声光电，甚至可以喷气的机械乐高。由乐高构成的符号丰富的虚拟世界，可以让热爱乐高的游客在此沉醉忘返。

除了具象的符号，在旅游景观的情趣设计中还需要注意抽象的氛围营造符号，如旅游景观中的色彩、材质、空间、光影等空间感知符号。对于景观、建筑环境的空间性而言，虚实之间的对立统一就是空间性的本质特征。就单一建筑空间而言，虚包含了空间的温度、亮度、湿度、声音等特性，而实则包含了建筑的材质、设计、质感、颜色等元素。这些空间的不同特征及空间之间组合而成的关系都能够由人类的感觉器官及思维意识来直接感受，具有传统审美特征的必要性质，形成了独特的建筑空间美学。[①]

旅游景观环境中的不同色彩可以为旅游者带来强烈的情感体验，黑色严肃、冷峻，红色热情、激烈，绿色青春、生机……深色常使人感觉沉重，而浅色使人感觉轻盈。景观环境中不同的材质和肌理等也会为旅游者带来不同的情感体验。如石、砖、木等材料的材质就会带来传统古朴的感觉；而玻璃、不锈钢、铝合金

---

① 迟慧.数字信息时代建筑美学的发展与实现 [J].四川戏剧，2016（08）：208.

等给人以现代工业感；丝、毛、化纤织物较为柔软，给人以温暖舒适的感觉。而同样是金属材质，不锈钢等光亮的金属给人以洁净感，铸铁给人以冷硬感，青铜给人以年代感。在今天的旅游景观环境设计中，可以充分考虑和利用各种材质、色彩等，围绕设计创意主题来营造相应的景观氛围。

第八章 以辽东地区旅游景观为例谈创意设计的传播策略

本章以辽东地区旅游景观为例谈创意设计的传播策略，主要从三个方面进行阐述，分别是辽东地区旅游景观发展概况、传播学视域下的辽东地区旅游景观、辽东地域文化在旅游景观中的创意传播。

第一节　辽东地区旅游景观发展概况

辽东，指辽河以东地区，古时"辽东"包括今辽宁省的东部和南部及吉林省的东南部地区。战国、秦、汉至南北朝设辽东郡。辽东，又为军镇名，明初设置，明代"九边"之一，辖境相当于今辽宁省大部分和吉林省一部分。今天的辽东地区已由古代对九州之东方的代指演化为辽宁省行政区域的特指，即辽东半岛或以辽中南工业基地为代表的辽河以东地区，包括丹东、大连、营口等辽东半岛沿海地区，也可包括辽宁东部的抚顺和本溪等地区。

辽东地区以辽东半岛为主体，东西依傍黄海、渤海，属于温带季风气候，四季分明，但与辽宁其他地区相比，辽东地区特别是辽东半岛地区冬季气候较为湿润温和，属于暖温带气候，冬无严寒、夏无酷暑，大连、营口、丹东的冬季气温在辽宁排名前三，夏季气温也较为舒适。辽东地区地貌以丘陵、山地为主，地势起伏、平原较少。辽东地区的水文条件较好，水资源较为丰富，河流较多，主要有鸭绿江、大辽河、碧流河等。辽东地区是辽宁省旅游资源较为丰富的地区，已经开发了大量的旅游景观，大连、丹东、本溪、营口都获得了文化和旅游部、住建部等部门组织的"中国优秀旅游城市""中国园林城市"等称号，是辽宁省享有盛名的旅游目的地。

大连、丹东、营口作为辽东地区较有代表性的三座城市，其旅游资源有相似性，同时也存在一定的差异和特色。从 maigoo 网对以上三座城市"十大著名景点"榜单统计（表 8-1-1、表 8-1-2、表 8-1-3）中，就可以看出辽东地区的旅游资源非常丰富且集中，不论自然旅游景观或人文旅游景观与辽宁省内其他地区相比都具有较大知名度和游客满意度。

表 8-1-1　大连著名旅游景区

序　号	旅游景观名称	级　别	景观类别
1	金石滩	5A	自然、人文
2	大连老虎滩海洋公园—老虎滩极地馆	5A	人文

序　号	旅游景观名称	级　别	景观类别
3	大连滨海旅顺口风景名胜区	国家级	自然
4	星海广场	—	人文
5	大连圣亚海洋世界	4A	人文
6	大连森林动物园	4A	自然、人文
7	棒棰岛	4A	自然
8	大连冰峪旅游度假区	4A	自然
9	大连现代博物馆	4A	人文
10	大连白玉山风景区	4A	自然

表 8-1-2　丹东著名旅游景区

序　号	旅游景观名称	级　别	景观类别
1	辽宁凤凰山风景名胜区	4A	自然
2	青山沟风景名胜区	国家级	自然
3	鸭绿江国家风景名胜区	4A	自然
4	抗美援朝纪念馆	4A	人文
5	辽宁大孤山国家森林公园	国家级	自然
6	宽甸天华山风景名胜区	4A	自然
7	宽甸黄椅山森林公园	3A	自然
8	虎山长城	4A	人文
9	天桥沟国家森林公园	4A	自然
10	大鹿岛	4A	自然

表 8-1-3　营口著名旅游景区

序　号	旅游景观名称	级　别	景观类别
1	望儿山风景旅游区	4A	自然、人文
2	万福赤山旅游景区	4A	自然
3	月亮湖景区	4A	自然、人文
4	熊岳植物园旅游景区	—	自然
5	仙人岛白沙湾黄金海岸景区	4A	自然
6	辽宁团山国家级海洋公园	4A	自然、人文
7	熊岳天沐君澜温泉	3A	人文
8	山海广场	—	人文
9	营口北海浴场	—	自然
10	西炮台遗址	3A	人文

　　以上三个表单中列举的是辽东地区三座城市比较有代表性的旅游景观，可以看出辽东地区旅游景观的相似性和差异。受辽东地区相近地域的地理环境、气候条件的影响，辽东地区的旅游资源、旅游景观具有极大的相似性。其相似性主要

表现在旅游景观的类型相似，如山地景观、森林公园、滨海或沿江景观等。辽东三市的旅游景观也具有各自不同的发展情况和个性特征。

大连作为辽宁省最重要、最著名的旅游城市，整个城市的旅游景观建设较早，发展水平最高。作为三面环海的滨海城市，大连的滨海景观最为突出，金石滩、老虎滩海洋公园—老虎滩极地馆、星海广场—星海公园、傅家庄、棒棰岛、旅顺口风景名胜区等都是很有海洋景观特色的地方。由于地理位置的优越、工商业和服务业的发达完备，游客在此可以享受到各种优质的旅游服务，感受辽宁最南端的四季温柔和浪漫。

营口也是辽宁省重要的沿海城市，位于渤海东岸，是我国大陆唯一可以观赏夕阳坠海的城市。营口的滨海旅游景观较为突出，拥有十几处海洋浴场和滩涂、湿地景观，还有以大西洋玛雅文化为主题的亚特兰蒂斯海洋乐园。另外，营口地热资源丰富，有省内知名的温泉浴场，除熊岳的天沐君澜温泉外，还有金泰城海滨温泉旅游区、虹溪谷温泉旅游区等温泉旅游景观。

丹东是我国最大的边境城市，沿海、沿边、沿江是它的地理特色。丹东素有"辽东绿伞"之称，境内森林覆盖率高，达到65%以上。境内江河密布、水系丰富，有近千条河流在地域内流过，使这座城市与东北其他干燥、冷峻的地区相比更加的温和、灵动。丹东地区最有特色的就是各类依山傍水的旅游景观，如山地景观、森林景观、江湖和滨海景观等。丹东的旅游景观是以自然景观为较大优势的，能够有效吸引游客的人文景观数量较少。

辽东地区的本溪也是具有较多旅游景观的城市，是国内极少数拥有自然和文化"双遗产"的城市，自然景观和人文景观都较为丰富。本溪是中国优秀旅游城市、中国枫叶之都、中国温泉之城，素有"燕东胜境"之称，拥有"奇洞、名山、秀水、温泉、枫叶、民俗"六大旅游景观名片。本溪桓仁的五女山城是世界文化遗产，是高句丽的发祥地，本溪境内还有米仓沟将军墓、高俭地山城等高句丽时期的文化景观。本溪的红色文化景观也较为突出，作为东北抗联的重要根据地，有全国爱国主义教育基地——东北抗联史实陈列馆，是入选了第一批国家级抗战纪念设施、遗址名录的重要红色文化景观。

总体而言，辽东地区的旅游景观在整个辽宁地区较有特色，具有旅游资源和景观方面的集中优势，以滨海景观、山地沟域景观、温泉景观等为主，在省内外具有较高的知名度和旅游者满意度。

第二节　传播学视域下的辽东地区旅游景观

一、辽东地区旅游景观地域文化的传播现状

旅游景观是旅游者开展旅游活动的空间，它包含了大量的旅游目的地信息，并将这些信息传播给数量众多但并不确定的旅游者。同时，旅游者从旅游景观中感受、体验着旅游目的地的文化。最受旅游者欢迎的旅游目的地往往具有信息载荷丰富、文化特征鲜明的特征，以此为标准来衡量辽东地区的旅游景观，我们会非常直观地感受到辽东地区旅游景观中信息符号的数量和有效性的欠缺，与北上广、云贵川等旅游大省相比，辽宁省整体地域文化传播的水平仍有差距，即使是省内旅游景观较为富集的辽东地区也是如此。

辽宁作为东北最早建立的工业基地，曾经拥有国内其他地区无可比拟的工业规模、工业基础，造就了辽宁曾经辉煌的工业背景，但是也影响了辽宁地区的整体建筑和景观的环境面貌。在突飞猛进、大干快上的洪流中，辽宁的城市风景不可避免地受到现代工业风格的浸染。

二、辽东地区旅游景观文化传播

辽东地区历史悠久，从原始社会的新乐文化、红山文化，到先秦、秦汉，一直在中华文明的发展史中贡献着自己的力量，并留下了丰富的文化遗存。辽东地区的旅游景观在辽宁省内分布最为富集，辽宁的国家重点风景名胜区基本都集中在辽东地区，本溪水洞、本溪关门山、桓仁五女山城、丹东鸭绿江、大连金石滩、兴城海滨等，风景秀丽、美食琳琅、民俗丰富而趣味性强，这些旅游资源优势集中在一起构成了辽东地区的旅游魅力。

　　目前辽东地区旅游景观文化传播理论研究和实践应用的重点领域主要集中在少数民族文化、乡村文化、红色文化等几个方面，受辽东地域历史和国家政策等影响，它们构成了近年来辽东旅游景观文化传播的焦点。

　　辽东地区自古以来就是我国的边陲之地，少数民族众多，迄今为止还有满族、朝鲜族等少数民族在此聚居，并有多个少数民族自治县，其中以满族最为普遍和典型。抚顺新宾、丹东宽甸等满族自治县都以满族文化为旅游景观设计的切入点，新宾的赫图阿拉城、清永陵、兴京满族民俗博物馆，和宽甸的满家寨等都是典型的以满族文化为主题的旅游景观。

　　辽东地区的乡村旅游景观从 20 世纪 90 年代开始发展，到今天已经有较多成规模的著名旅游景观。广受游客喜爱的有东港市（丹东）的大鹿岛、獐岛等海边渔家，鸭绿江口湿地观鸟园，凤城市（丹东）的大梨树采摘果园，丹东五龙背镇、东汤的温泉小镇，大连旅顺的蝴蝶文化创意产业园等。随着国家"乡村振兴战略"的提出，近年来辽东地区的旅游景观发展更是如火如荼。

　　我国一直重视红色文化的传承，在全国各地的旅游景观中有大量知名的爱国主义、红色文化主题旅游景观。随着一系列纪念庆祝活动的开展，更是将我国红色文化的学习传播推向了高潮。辽东地区在鸦片战争后成为列强分割中国东北、开展激烈争夺的第一线，辽东地区的很多历史遗迹都记录了东北人民在近代以来国家危亡、民族屈辱的境况下，抵御外敌、争取民族独立和解放的奋斗历程。辽东的旅游景观中也集中了大量的红色文化旅游景观，如丹东抗美援朝纪念馆（4A）、抚顺雷锋纪念馆（4A）、大连关向应纪念馆（4A）、旅顺日俄监狱旧址博物馆（4A）、本溪东北抗联史实陈列馆等，这些红色旅游景观都是全国爱国主义教育基地，具有提醒后人不忘国耻，讴歌和颂扬中华英烈的百折不挠的民族气节，传承他们舍生取义、为信仰献身的高尚品格，和为革命成功忘我奋斗的爱国主义精神。这些红色旅游景观也是辽东近年来地域文化传播研究的焦点。

　　建筑设计的外在形式和内在意义等，构成了当地文化的传播。建筑风格、主题等总体立意构思能够反映一个地域的文化，图案、色彩等具体的形式要素也是非常具象的文化符号。如北京故宫、天坛等古建筑可以用中轴对称、建筑体量和外观等等级序列，充分体现中国古代封建社会的皇权思想、礼制观念；天安门前的华表、太和殿的重檐庑殿顶，屋檐上的脊兽、陛后的游龙……这些建筑构件、装饰细节等也都是皇权的象征；江南园林中点缀园林的梅、兰、竹、菊、芭蕉、仙鹤等装饰图案和实景植物都有其象征意义的，如"四君子""岁寒三友""梅妻鹤子"等，代表着中国传统文人的精神追求和文化品格。

旅游者在旅游目的地的景观环境中，是靠接收、识别地域文化符号来感知当地文化的。如果旅游景观环境中文化符号数量少、可辨识性低，没有形成系列化和相关性，就很难使对当地文化不甚了解的外地游客对当地旅游景观中的文化传播符号获得理解、记忆等深刻印象。反之，国内外很多优秀的旅游城市都形成了自己独特、丰富的地域文化传播符号谱系，在多种传播媒介中反复应用，扩大了知名度、塑造了良好的旅游形象。如杭州的旅游符号，就将西湖十景、杭州园林等自然景观和人文特色相融合，在街道建筑、公共设施、交通设施、景点景区、旅游纪念品等不同的场所反复应用，使城市的文化形象深入人心。

近年来，乡村旅游是国内发展势头迅猛的旅游热点，从辽东地区来看，乡村旅游景观的数量很多，也形成了很多深受旅游者喜爱的旅游线路和旅游景区，大连东滩村、银石滩国家森林公园，抚顺的后安镇佟庄子村、猴石国家森林公园，本溪小市、思山岭杨木沟村、丹东大梨树、大鹿岛和獐岛等，这些乡村旅游景观的总体设计水平已经有了较大的发展和进步，特别是本溪的一些乡村旅游景观从项目规划到景区建筑规划和设计都有较高的水平，但从辽东地区总体来看，辽东乡村旅游景观的文化体验性还需加强。

辽东地区的乡村旅游景观以沿海景观和山地沟域景观为主，乡村旅游项目并不单调，在乡村旅游景观中游客可以观光赏景、品尝当地特色美食、享受温泉、夏季嬉水、冬季嬉雪，深受旅游者的欢迎。但目前辽东地区乡村旅游景观发展过快，同质化倾向非常明显，海滨、温泉、嬉雪、采摘、少数民族村寨等在辽东各地反复出现，形成了在家门口相互激烈竞争的局面，不利于本地区乡村旅游的长期可持续发展。

旅游景观不仅仅是景色风光和娱乐项目，更重要的是一种文化项目，旅游景观不仅要为游客提供景物可供观赏的"形"，还要为游客展现旅游目的地可供体验的"意"。旅游景观的意是游客需求的焦点，是发展旅游的核心灵魂。辽东地区乡村旅游景观只有针对辽东各地的乡村景观地域，进行地域文化的深入挖掘和创意传播表现，融入旅游景观中，增加游客的地域文化体验感，才能使乡村旅游景观增加差异性，有利于该地区的乡村旅游良性竞争、协调发展，并有助于乡村旅游从单纯的经济目标上升到文化追求的高度，从经济、文化两个方面实现乡村的物质文明和精神文明共同振兴。

第三节　辽东地域文化在旅游景观中的创意传播

一、辽东旅游景观的整体创意

（一）辽东旅游景观整体创意的必要性

如何对辽东地区的旅游景观进行创意设计，这是很多旅游规划、旅游项目设计者面对的问题。目前，辽东地区很多城市都在根据自身的地域特点进行旅游景观设计的探索。除大连这一传统的辽东地区知名旅游城市外，辽东地区各地旅游产业都呈现增长势头。

以自然旅游景观闻名的本溪、丹东近年来旅游经济发展较快，特别是这两个地区的乡村休闲旅游项目一直受旅游者的欢迎，同时它们存在的同质化的问题。如本溪市本溪县、丹东的宽甸县都是满族自治县，也都是以乡村旅游闻名的地区，而且所处自然环境同属于辽东丘陵，小镇、乡村多位于长白山余脉的丘陵沟壑之中，山林溪涧、幽谷鸣泉……有众多相似之处。而且这两个地区地理位置相邻，同质化的景观会使它们之间的客源竞争更加激烈。

不仅仅是乡村旅游，辽东地区的海洋旅游、温泉旅游等旅游景观都存在着同质化严重的问题。对辽东地区的旅游景观设计创意而言，关键的问题就是做好旅游景观创意设计的整体性长期规划，找好各自区域主题定位，打造区域特色，走差异化发展之路。

目前，辽东各地已经开始将当地特色地域文化融入旅游景观设计当中。事实上，任何旅游城市、旅游景观的设计都有其依托的当地文化显现，"若不考虑地方性，幻想的任何事件是没有意义的"①。地方文化就是旅游景观创意设计需要遵循的"内在逻辑"。仅仅依靠地方文化符号简单地复制、浅显地粘贴并不能达到旅游景观创意设计的目标。

任何一个深入人心的旅游目的地都是旅游者在疲惫、麻木、困惑、失意的时候心底期盼、追寻的一座伊甸园。人们来到旅游目的地是抱着极大的期待而来，旅游景观除了满足旅游者物质方面的需求，更重要的是要满足旅游者的精神需求。旅游者需要景观环境的文化性，而且这种文化是独特且突出的，这样才能满足旅游者扩展见闻、满足好奇心、提升内心愉悦、获得生活感悟等旅游活动能够带来的精神需求。旅游者体验新生活、新环境的需求，只有在具有相应设计水准的旅游景观环境中才能实现。对一个城市、地区旅游景观地域文化特色的塑造，需要的是对其旅游景观的整体创意设计，而且是要有长远眼光的整体创意。

杭州、苏州、丽江、阳朔……每一个知名旅游目的地都有其鲜明的地域特色，这些地区都有得天独厚的自然景观，但是也离不开漫长岁月中一代代居民的人文开发和经营。辽东地区旅游景观当务之急，就是为辽东地区的城市设计一种整体环境主题，并用足够的耐心，以各种文化传播符号和旅游景观设计方法一点点地丰富和充实这种旅游城市的文化气氛，最终营造出有鲜明特质的地域性旅游景观。

（二）辽东旅游景观整体创意的重点

在这个整体创意设计的工程中，有两个重点。第一个重点是挖掘旅游城市或地区的地域文化特色，突出景观的特色主题，并以创意设计的方式在旅游景观中进行广泛传播。应该注意的是，旅游城市的地域文化特色需要在城市的整个公共环境中进行传播。"公共环境是开放、公开、由公众参与和认同的公共性空间，包括整个城市的外部空间和场所。包括：道路、桥梁、广场、公园、建筑物、公共设施、构筑物和各种公共艺术作品等。"②城市公共环境的景观设计，可以为旅游者和市民提供日常和旅游活动开展的良好空间，还能成为旅游者感受地域文化氛围的直观窗口，能够全面反映旅游城市的经济和文化发展水平。

---

① 诺伯舒兹.场所精神——迈向建筑现象学[M].武汉：华中科技大学出版社，2010.
② 迟慧.浅析朝鲜族文化与丹东公共环境的结合[J].品牌，2015（2）：127.

　　第二个重点就是要有长期计划、有长远的眼光，把这种文化传播贯彻下去。一个成功的主题公园，从设计到开展运营、根据游客反馈意见进行项目和景观的调整修改、再到广受游客好评或推崇，需要将近10年的时间。杭州西湖从白居易、苏轼等一代名士的经营，到成为"人间天堂"，经过了几百年的时间。要打造、提升一座城市的整体旅游景观，自然是需要智慧与光阴的共同磨砺和催化。

　　辽东地区自古以来一直地处我国的边疆，虽有悠久的历史，但人文景观中的历史遗存不多。近代以来辽东地区经历了一番风起云涌的岁月，工商业发展迅速，特别是新中国成立后，古老的辽东地区作为东北工业基地中的一部分焕发了蓬勃的生机。在改革开放之后的几十年，辽东地区发展的脚步与东南沿海等发达地区相比较步调逐步放缓。今天，辽东地区整体的经济、文化发展状况都失去了当初的光芒和自信。在这种背景下，对辽东地区打造知名旅游城市或知名旅游目的地的地区而言，对当地旅游景观进行的整体创意设计具有深远的意义。辽东地区近三十年并不是倒退了，而是发展得不够快，通过旅游景观的整体创意设计，可以重塑辽东各地区的城市文化精神，可以提振辽东地区的文化自觉、自信及旅游吸引力。

　　实际上，辽东地区在旅游景观的地域文化特色表现方面，可以深入挖掘和展现的突破口有很多。辽东地区有着靠近边境的地缘文化，可以在旅游景观中展现异域特色。国内很多知名旅游城市，如哈尔滨、青岛、武汉、澳门等，其景观拥有鲜明的异域特色，非常受中外游客的欢迎。在旅游景观的异域性表现方面，应该注意"与本土文化相比，异域文化存在着明显的差异性和文化风格上的多样性，表现在宗教、语言、文字、习俗、服饰、建筑和艺术等方方面面"[1]。辽宁省丹东市是省内唯一开展"兴边富民行动"的城市，作为边境城市其旅游景观具有一定异域性是完全符合设计逻辑的。丹东市内朝鲜族聚居人数相对较少，也没有形成沈阳西塔那样有历史、有规模的朝鲜族聚居商业街，但是丹东地区的公共设施、公共交通都有朝鲜语的文字和语义播报，市内沿江开发区景观带等也都有明显的朝鲜族文化特征。特别是位于丹东市中心的"高丽街"已经具有相当的朝鲜族文化景观基础，我们完全可以通过景观设计加入朝鲜族文化的传播展示，将之从经

---

① 迟慧.异域文化与边境城市旅游景观相结合的可行性研究——以丹东为例 [J].旅游纵览，2014（16）：161，163.

营朝鲜族饭店、特产的商业街，提升为地标性的城市旅游景观。

实际上，辽东各地不乏极有地域文化特色的景观符号。比如，红色景观突出的丹东地区，近年来随着抗美援朝历史和精神的宣传受到了全国各地旅游者的关注，特别是很多中老年人，对这座城市怀着别样的情怀。丹东地区与抗美援朝历史相关的景点很多，如鸭绿江断桥、抗美援朝纪念馆、志愿军公园等，但目前还没有从中提炼出来一个具有典型象征意义、可以代表丹东旅游形象的设计符号。

丹东地区目前使用最广泛的旅游宣传符号是在鸭绿江上的、新中国成立后建成的，且正在使用的中朝友谊桥，这座桥的形象常与中朝界河鸭绿江、丹东市树银杏等结合使用，突出"一江碧水、两岸风光"。但丹东的旅游景观中缺乏对近年来旅游热点抗美援朝和"红色东方之城"的传播，除了一些景点和雕塑，在城市整体旅游环境的氛围塑造和传播中不够突出。

如丹东鸭绿江上的断桥，就是一个非常值得挖掘和再设计的地域景观符号。我国有名的桥梁很多，但这座断桥有着特殊的意义，它是集斗争、成就于一体的爱国主义教育的生动教材。它是一座时刻提醒国人勿忘日本的殖民统治的桥，一座记录美帝国主义侵略的桥，一座维护中朝友谊与和平的桥。它连接的不仅仅是两个国家、两座城市，更连接着过去、现在和未来。"① 目前这座国门之桥、国家命运转折之桥并没有将其形象赋予一定的象征性进行主题宣传。实际上，这座在战争中被炸断的桥梁，虽断犹荣。它的独特性、历史性和文化性都值得在旅游景观中得到创意传播。

总之，当务之急是认真梳理和挖掘辽东各地旅游经济的创意主题特色，并对其进行符号设计和广泛传播。

（三）增加旅游景观中的"点"和"线"

目前，辽东地区短途自驾、休闲旅游的人数越来越多，对于这部分旅游者来说，在旅游目的地如何选择的路线、到哪一处景点，是高度个性化、随意化的事情。旅游者在慢节奏的休闲旅游中，已经不能满足于以往从一个景点赶往另一个景点的"点"对"点"式的旅游，而更关注旅游中的线路：很多自驾游客避开节假

---

① 迟慧.浅析鸭绿江断桥景观的文化内涵 [J].艺术与设计，2012，2（4）：104-105.

日景点的汹涌人潮，选择到乡村、郊区、山野等露营或野餐；还有很多旅游者为避开拥挤的景点人流，而选择在旅游城市的主要景观道走走逛逛、品尝美食……所以，作为旅游景观的设计者，为了给旅游者提供可以随意进行多样选择的空间，更应进行旅游城市的整体创意设计，使旅游景观的文化性、艺术性覆盖旅游环境，使旅游者和当地居住者同时感受具有美好体验的生活。

辽东地区城市景观中常使用雕塑来作为城市艺术性的装点，但这些雕塑作为文化传播符号缺乏象征性，仅仅有形象性，美则美矣，对当地地域文化的传播效果有限，很难使游客对城市地域特征形成良好的认知。

旅游城市氛围的塑造、地域文化精神的传播并不是依靠几个景点、增加几座雕塑就可以达到的。城市的氛围是从城市交通运输场所、广场、街道、旅游区等旅游者、市民所到之处的综合反映。丹东抗美援朝的硝烟已经散尽，但断桥、纪念币等凝聚着的那段历史要告诉后人什么？我们要从旅游景观中体验、感悟和反思什么？这些才是创意设计应该聚焦的设计出发点。

辽东地区对旅游景观的设计往往关注局部的旅游景点、景区的设计，而忽视了旅客交通转运设施、公共设施等同样属于旅游景观的"点"的范畴。很多城市景观道并没有为作为旅游景观进行特别的设计，缺乏旅游景观的功能和游客体验，而且在旅游景观设计中，缺乏"点"与"点"之间的线性联系，主要体现在缺乏街景的设计。

街景是最能体现城市整体氛围感的旅游景观之一，也是长期被忽视的部分。考察国内外特色的旅游城市，基本都拥有具有地域风情、文化特色的街道，如巴黎的香榭丽舍、纽约的第五大道、首尔的明洞、柏林的库达姆大街、维也纳的克恩顿大街等。但是我们可以发现辽东地区很多城市的景观路仅有自然风景可赏，缺乏有创意的人文景观。

除了街景，水景也可以成为旅游景观中的线性构图。比如，辽东地区最有名的河流之一鸭绿江，作为中朝界河，流经丹东市共 300 余公里，其中有 210 公里属于鸭绿江风景区，都在丹东境内。丹东的"沿江"是城市的主要特点，边境城市也是当地的主要旅游吸引力，而沿江水景的利用一直是薄弱环节。丹东地区的旅游景观仅仅利用天然水景，缺少滨水景观设计方面的思考。"要营建具有城市个性的水景设计，必须要抓住关键特征。"丹东地区旅游景观的一个关键特征就是朝鲜族文化，特别是在沿江一线。①过去游人除了眺望江水和两岸的建筑等，沿江地区缺乏对整个鸭绿江风景区的介绍。而且鸭绿江风景区沿线的红色文化景观、边境异域风光等分散在鸭绿江畔，缺少联系。

辽东地区整体设计创意的关键就是找出各地区的关键主题风格，围绕主题搜集具有典型性、象征性的文化符号，并将文化符号转化、应用在旅游景观设计中，以此来营造旅游景观中的整体氛围感。

二、辽东乡村休闲旅游景观的创意设计

辽东地区乡村旅游景观发展十分红火，该地区具有很多发展旅游产业的有利因素。首先，辽东地区大量原生态的自然美景集中在乡村地区，其次，辽东农村地区资源和特产丰富，再次，这里民风淳朴、热情好客，而且该地区乡村景观的交通等较为便利。

但是我们必须要认识到，辽东地区乡村旅游景观整体创意的缺失问题更为严重。以最近发展势头迅猛、广受游客好评的本溪市为例，本溪市拥有国家级 5A 级旅游景区本溪水洞，4A 级旅游景区关门山国家森林公园、关门山水库，红色文化景观东北抗联史实陈列馆等旅游景观。当地依托自然风光、地热资源等大力发展旅游业，营建了很多温泉酒店、民宿和农家乐等。如风香谷、花溪沐等酒店，规模较大，设施齐全，在省内外知名度逐年提升。同类型的酒店中，网红气息最浓的就是小市一庄，它以餐饮项目为主，也兼具住宿、赏景等旅游功能，特别是其室外场地设计中有很多卡通雕塑、仙气飘飘的锦鲤池等特别适合作为摄影背景，很多游客将此地作为大型户外摄影基地。而紧邻本溪市的丹东凤城市（县级市）也同样有 4A 级旅游景区凤凰山、国家森林公园蒲石河，也有久负盛名的温泉小镇东汤镇等，辽东地区的大连、营口也有类似的乡村旅游景观，同质化问题严重。

在这种情况下，辽东地区乡村旅游以镇、村为单位的整体创意设计就显得尤为重要，特别是休闲型、慢生活乡村旅游景观。相对于城市生活的快节奏、高压

---

① 迟慧.朝鲜族特色在丹东水景设计中的应用研究 [J].现代装饰，2014（8）：54.

力，慢生活村镇就是其景观能够为游客提供"保持有益于人身心健康发展的、可持续的环境，为人们提供小、悠闲、刚刚好的必要生活条件，使人生活其中感到自在、舒适，内心充满灵性、宁静致远的村镇生活环境"①。在辽东地区的乡镇景观中，山水景观资源尤为出色，辽东地区的知名旅游小镇、特色村落越来越多，如大连石河村、东滩村，本溪小市镇，丹东青山沟镇、獐岛村、大梨树村等。这些散落在繁华城市附近的小镇特别适合进行慢生活的休闲景观设计。

通常乡村旅游地区镇中心是商业、餐饮等公共服务较为集中的地区，乡村酒店、民宿和其他景点都依托镇中心而展开。乡村旅游景观的整体创意以村、镇等较小单位进行设计，可以更好地结合当地特色展开设计，较为灵活。而且还可以根据附近相似性较强的村镇进行比较，以特色拉开差距、打造个性特征。

小市镇可以依托"小市一庄"、花溪沐等酒店民宿打造温泉小镇，在现有建筑基础上，将原有的风格混搭、主题不清晰的欧式木筋屋、日式风格、东北原木屋等进行艺术风格统合，并突出各自酒店、民宿、饭庄等旅游景观的主题设计。如以古风、花卉、当地特产或地域特色、历史故事、神话传说等元素进行创意设计。丹东宽甸的青山沟镇可以延续原有的景观风格，并将其进一步突出，以满家寨为创意依托，将原生态的满族文化作为基础进行创意设计。这样可以最大限度地减少大拆大改，尽量利用原有景观简单、有效地实现各地的乡村景观的差异化、个性化整体创意设计。

辽东地区的乡村旅游景观还有其他可以挖掘的地域特色没有获得应有的重视。如丹东乡村地区自然山水优势突出，但人文景观较弱，将丹东的"山水"特色和朝鲜族文化相结合，是突出丹东旅游景观的地域特色的有效途径。②

三、辽东旅游景观设计的故事性创意

目前国内外有各种不同消费层次、项目类别丰富的旅游景观可供旅游者选择，但是旅游者并不能完全从其中体验到符合预期的旅游情趣体验。更不用说由于新冠疫情的影响，很多旅游者的出行选择范围受到较大限制，只能选择离居住地较

① 迟慧.丹东"慢生活村镇"主题旅游景观体验式设计探析 [J].旅游纵览，2018（6）：98.
② 迟慧.丹东"山水"特色和朝鲜族旅游景观相结合的研究 [J].大众文艺，2017（10）：130.

近的旅游目的地，在这种情况下，非知名旅游景观能否提供给品位日益提高的旅游者有情趣的旅游体验呢？可想而知，当前很多地区的旅游景观设计水平并不能完全满足旅游者的需要和预期。

近年来，辽东地区特别受南方游客的欢迎，越是远距离的游客，对旅游景观的期望值越高。每个旅游者对其选择的旅游景观都有一定的"前理解"，旅游者对旅游目的地的旅游景观的评价会受自身的知识、经验、习惯、喜好的影响，也就是说旅游者对旅游景观会受一定"心理定势"的影响。旅游者来到遥远的"异域"更希望看到不一样的景观。如何为辽东地区打造具有独特性、文化性和艺术性的创意旅游景观，一个有效的创意出发点就是在旅游景观中融合地方文化、讲好地域性突出的景观故事。

辽东地区的地域历史文化与国家疆域的巩固、民族融合、多元文化交流等紧密相关，同时又与中华民族发展、危亡、新生、复兴祸福相依。其中有很多属于边疆历史的荒僻和烽烟、属于少数民族的独特和猎奇、属于近代列强铁蹄下的痛苦和晦暗、属于新中国老工业基地的火热和光荣……近代以来，辽东地区是由本地的原住民和勇敢的外来迁入者共同开垦、建设起来的，在"闯关东"的勇敢和探索精神支撑下，辽东地区才从一片荒野变成今天这样的美丽而富饶。这里的地域精神应该是勇敢、浪漫、坚韧和富有开创精神的。这些地域文化和精神应该在今天辽东的旅游景观中得到创意设计表达。

辽东地区的很多旅游景观位于山地沟壑中。沟域就是强调山间沟谷线状区域向两侧的延伸，强调一种特定的地域形态和范围。① 这种沟域旅游景观通常位置偏僻，虽然风景秀丽，有世外桃源之感，但通常距离城市较远，开发程度有限，旅游服务项目和设施通常较为粗犷。特别是丹东宽甸地区的沟域旅游景观，距离丹东市区一百多公里，如果是其他城市的自驾游客路途就更加遥远。对于今天的旅游者来说，他们需要的旅游景观不仅仅是自然界的风景，更重要的是旅游景观可以为旅游者提供体验的具体的或抽象的文化境界。"旅游景观的意是游客需求的焦点，是发展旅游的核心灵魂。丹东沟域旅游景观中文化意境的缺失，也是导

---

① 迟慧.沟域旅游景观环境设计的内涵及特征研究 [J].艺术科技，2017，30（2）：63.

致游客旅游消费较低的重要原因之一。"① 如果增加针对沟域旅游景观的故事性设计，增加体验性强的旅游项目和景观，可以吸引游客真正停留下来，而不仅仅是浏览完风景随即离开。

我们应该注意，在旅游景观中表现历史文脉的故事性，必须注重叙事化的设计方法。过去辽东地区的旅游景观中为了展示地域文化，最常用的景观设计方式就是在应用景观雕塑。辽东地区各个旅游城市的雕塑数量都比较多，主要集中在市中心、旅游景点。这些雕塑中有一小部分会配合文字说明，但是这些文字仅仅提供简要介绍，并不能特别引发旅游者足够的关注或兴趣。

要展示故事性的景观，必须综合运用景观叙事的手法来进行设计。在旅游景观中"讲故事"，那么必须考虑故事的发生、发展和结果，也就是说在景观设计中应该展示故事的过程性，需要综合运用各种叙事手法来进行旅游景观设计。特别是针对乡村地区的沟域旅游景观设计，必须将之"看作一个有机联系的整体，只有完善沟域旅游发展的各个环节，才能使整体发展的综合效应强于个体发展的效应总和"②。这就需要利用景观环境中的建筑、公共设施、地面铺装、绿植等景观环境要素共同参与故事场景的搭建或场景的转换。景观环境中的各种元素都与要讲述的"故事"紧密相连，也可以配合景观中多媒体显示屏等数字化、信息化展示设施来进行动画、文字、图片等形式的内容传达。特别是可以将辽东地区的少数民族等特色文化融入沟域旅游景观设计中，可以有效地增强景观设计的系统性。比如，丹东地区的沟域乡村旅游景观中，与周边地区的同质化问题突出，"将朝鲜族文化应用到丹东沟域旅游景观的设计中，是协调自然景观、景观设计、游人的旅游活动三者之间相互关系的有效手段"③。一方面，可以有效解决与本溪、大连等地的景观同质化问题；另一方面朝鲜族的歌谣、传说等特别适合以故事性的设计手法穿插在沟域旅游景观中。

对于旅游者来说，旅游景观是相对陌生的环境，旅游景观中要展示的故事

---

① 迟慧.丹东沟域旅游景观发展策略研究 [J].旅游纵览，2017（8）：146-147.

② 迟慧.沟域旅游视角下的丹东虎山景观环境设计探析 [J].中国民族博览，2017（5）：190-191.

③ 迟慧.朝鲜族文化在丹东沟域旅游景观中的应用研究 [J].旅游纵览，2017（22）：82-83，86.

也常常不为旅游者所熟知，如果不注重景观叙事方法将无法使景观设计达到良好的效果。对辽东地域文化的旅游景观展示，极有必要进行故事化的创意构思，如何将地方的历史文化以游客喜闻乐见的方式展现出来，并能够使游客有效的接受。

丹东作为东北"木都"的历史很有地方特色，是城市发展历史中浪漫色彩、拼搏精神兼具的时期，是值得丹东人民骄傲的一段历史时光。可以在目前展示当年放排人在激流中"扬帆破浪"的大型雕塑附近设置一个景观展示区，围绕"木都"当年的创立者、劳动者的辛勤的工作流程，挑选如"伐木""扎排""放排""上岸""转运"等几个关键环节，与公共游乐项目或公共设施相结合进行设计，也可以为游客增加可互动参与的数字虚拟现实等游乐设施，为旅游者增加互动性的故事体验。

除了景观的叙事设计，还应关注旅游景观故事讲述的系统性设计。由于各地的地域文化丰富多样，如何进行系统设计、整理出清晰的地域故事设计主线或设计脉络是各地旅游景观故事性设计的一大难题。对于这个问题也有较为简明的破解方法。

仔细观察辽东各个地区的地理环境会发现，辽东各地的历史发展和文化脉络都离不开各地的大河和水系，而水景恰恰是旅游景观中比较重要的环节。水景常常是串联起整个地域景观的有机脉络，各地的旅游景观故事讲述，特别是地域历史和文化发展完全可以结合当地水景进行线性的系统性设计，用一条线性的水景景观将各个景观节点串联起来，形成故事性的发展或讲述脉络。

比如，丹东的地域历史和文化脉络就依赖鸭绿江展开，作为丹东最具知名度的旅游景观，鸭绿江的自然景观和两岸人文风光都构成了丹东旅游景观最重要的名片。鸭绿江边是丹东城市最美的景观带，这里有众多的城市公园、休闲广场、酒店、餐厅，鸭绿江沿线也有很多不同年代、不同材质和表现主题的景观雕塑，这些雕塑与城市公园、广场、设施和建筑等完全可以作为故事性景观设计中的一部分，将其作为一个故事整体进行系统化的设计。

目前鸭绿江沿线的中朝友谊桥、志愿军公园等景点都围绕着丹东的国门城市和红色岁月的主题开展景观规划和设计。在原有景观建筑、雕塑等元素的基础上，可以再加入故事性的叙事设计，将一段值得永远镌刻在心的历史故事以一定时间线索，序列化地展现在整个鸭绿江风景区范围内，使鸭绿江风景区内的景观节点成为有机的、相互联系的关键叙事元素。

在整个景观的故事性设计中，可以将真实的历史事件、人物的展示和艺术加工的虚拟人物等穿插在一起，制造一种故事表现的蒙太奇。还可以利用现在鸭绿江边的两岸风光营造一种历史背景，使旅游者进行今昔的对比，引发旅游者对历史的追忆和反思。

参考文献

[1]B.约瑟夫·派恩，詹姆斯·H.吉尔摩.体验经济[M].北京：机械工业出版社，2017.

[2] 崔莉.旅游景观设计[M].北京：旅游教育出版社，2008.

[3] 郭庆光.传播学概论[M].北京：中国人民大学出版社，2011.

[4] 联合国教育、科学及文化组织.世界遗产大全（第二版）[M].合肥：安徽科学技术出版社，2016.

[5] 隈研吾.场所原论——建筑如何与场所契合[M].武汉：华中科技大学出版社，2014.

[6] 童寯.东南园墅[M].长沙：湖南美术出版社，2018.

[7] 陈钢华.旅游心理学[M].上海：华东师范大学出版社，2016.

[8] 米哈里·契克森米哈赖.心流——最优体验心理学[M].北京：中信出版集团，2017.

[9] 胡飞.艺术设计符号基础[M].北京：清华大学出版社，2008

[10] 诺伯舒兹.场所精神——迈向建筑现象学[M].武汉：华中科技大学出版社，2010.

[11] 迟慧.朝鲜族设计文化价值观研究[J].艺术品鉴，2017（6）：49.

[12] 迟慧.浅析朝鲜族文化中的设计观念[J].安徽建筑，2013，20（2）：32，59.

[13] 迟慧.朝鲜族旅游景观的审美特色[J].艺术与设计，2013，2（10）：96-97.

[14] 迟慧.数字信息时代建筑美学的发展与实现[J].四川戏剧，2016（8）：63-66.

[15] 迟慧.试论金属雕塑与丹东城市环境相结合[J].大舞台，2010，（04）：217-218.

[16] 迟慧.朝鲜族设计中的"非均齐性"研究 [J].艺术科技,2015,28(3): 40,76.

[17] 迟慧.浅析朝鲜族文化与丹东公共环境的结合 [J].品牌,2015(2):127.

[18] 迟慧.浅析鸭绿江断桥景观的文化内涵 [J].艺术与设计,2012,2(04): 104–105.

[19] 迟慧.朝鲜族特色在丹东水景设计中的应用研究 [J].现代装饰,2014(8): 54–55.

[20] 迟慧.丹东"慢生活村镇"主题旅游景观体验式设计探析 [J].旅游纵览, 2018(6):98.

[21] 李萌.基于文化创意视角的上海文化旅游研究 [D].上海:复旦大学,2011.

[22] 钟晟.基于文化意象的旅游产业与文化产业融合发展研究 [D].武汉:武汉大 学,2013.

[23] 沈晰琦.文化创意视角下乡村旅游开发的策略 [D].成都:四川省社会科学 院,2017.

[24] 封绪荣.景德镇陶瓷文化创意旅游线路设计研究 [D].桂林:桂林理工大学, 2020.

[25] 杜磊.创意农业园旅游景观规划研究 [D].西安:西安建筑科技大学,2019.

[26] 韩宜轩.文化创意景区游客满意度研究 [D].扬州:扬州大学,2019.

[27] 周庆贺.南县龟鳖生态园生产性景观设计 [D].长沙:中南林业科技大学, 2019.

[28] 陈静怡.美食类纪录片《风味人间》跨文化传播的策略研究 [D].成都:四川 师范大学,2021.

[29] 郭海莉.北京故宫博物院"数字故宫"的文化传播研究 [D].长沙:湖南师范 大学,2020.

[30] 汪罗.以中国为方法:中国跨文化传播研究的学术进路与理论变迁 [D].北 京:北京外国语大学,2022.